確率と情報の科学

カーネル多変量解析

非線形データ解析の新しい展開

甘利俊一　麻生英樹　伊庭幸人　編
確率と情報の科学

カーネル多変量解析

非線形データ解析の新しい展開

赤穂昭太郎

岩波書店

まえがき

　本書ではカーネル法と呼ばれるデータ解析の手法を解説する．カーネル法はサポートベクトルマシンの発明によって一躍注目されるようになった．しかしながら，その本質はもともと古くからあった手法の延長線上に位置づけられるので，カーネル法を形容するにはむしろ温故知新という言葉がぴったりとくる．すなわち，カーネル法は基本的に伝統的な線形多変量解析と同じ土俵の上にあると考えることができる一方，従来できなかったような問題にも適用できる柔軟性を持ち合わせている．

　カーネル法のブレークスルーはある種の逆転の発想にある．複雑な非線形データが与えられたとき，非線形のモデルを作ってそれにデータをあてはめる手法を開発するというのが素朴な考え方である．しかしそれだと大抵の場合，複雑な最適化問題に直面し，大規模なデータ解析をすることが困難になる．

　そこでカーネル法では，線形のモデルで非線形の問題を解くという逆転の発想をする．そのためにデータを一旦高い次元の空間に移してから処理を行なう必要があるのだが，高次元の空間にはいわゆる次元の呪いという問題があり，従来の常識からすると，これは一見禁じ手のように見える操作である．カーネル法は，次元の呪いを受けないために，正則化と呼ばれる枠組みを持ち出し，高次元の中で複雑になりすぎたモデルをなめらかにしてやる．

　正則化の導入は一方で計算を複雑にするという副作用を産んでしまうのだが，ここでまた逆転の発想が働く．カーネル法では与えられた問題の構造を精緻にモデル化した上でデータ解析手法を導くというのではなく，計算がやりやすいように，逆に手法に問題のほうを合わせるのである．

　こうしたアプローチには，最適性という観点からは問題があるかもしれない．が，計算量の爆発を避け，ほどほどによい結果をもたらしたいという一種の割り切りのようなものが感じられる．ただし，それがあまりにも過ぎると場当たり的なものになってしまうため，後付けでもよいから，手法が確かにほどほどの結果を出すということを理論できちんと示しておく必要がある．そのこ

とによって，ユーザが安心して使えるようにしておくことが大切である．この理論的な部分については，関数解析や統計学，最適化数学といったいろいろな分野の融合が進み，着々と整備されつつある．

上に述べたようなカーネル法のもつさまざまな性質は，その主役であるカーネル関数と呼ばれるものに強く依存している．このカーネル関数を使うということにはもう一つの利点があり，文字列やグラフなど近年急速に重要度を増しつつある複雑な構造をもつデータに対して適用可能になるということがある．これらのデータに対して従来の多変量解析をそのまま使うことは難しい．しかしながら，カーネル関数というオブラートでくるんでやれば，たとえどんなに複雑な構造をもったデータでも，それとは関係なくデータ解析の手法を開発することができるのである．

さて，データ解析をする際には，どのような問題に（対象），どのような理論に基づいて（仕組み），どのように適用するか（手法）という3つの要素がある．このうち本書は特に仕組みについて詳しく説明する．データ解析のユーザという視点から見ると仕組みについて知ることはそれほど重要でないと思われるかもしれない．よく言われることは，車を運転するのに自動車が走る仕組みを知る必要はないということである．

しかしながら，複雑なデータを対象とする際に，与えられたデータにどのような手法を使うかは自明ではなく，マニュアル的な手法では対処できないことも多い．データ解析のユーザも，解析手法の作り手になっていろいろ試行錯誤を繰り返す必要がある．このように，現代のデータ解析では，道具は単に使うだけでなく，作り出す必要もあるため，仕組みをきちんと押さえておくことが重要となる．

ところで，カーネル法の中では何といっても注目されているのはサポートベクトルマシンであり，それが中心に据えられている解説書も多い．もちろんサポートベクトルマシン独自の特色もいくつかあるが，基本的にはカーネル法という広い枠組みの特別な場合に過ぎない．そこで，本書では大きな枠組みを軸に説明し，サポートベクトルマシンはその一部として位置づけることによって，いろいろな改良や拡張といった方向性を見やすいようにした．

本書全体の構成は以下の通りである．

- 全体のオーバービュー(1章)
  簡単な例を通じてカーネル多変量解析のイメージをつかむ．
- カーネル関数と正則化の主な性質(2章)
  カーネル多変量解析の具体的な手法を理解するために必要な概念を導入する．ただし，あまり難しくなりすぎないようにするため，必要最小限のものに留める．
- カーネル多変量解析法の詳細(3, 4章)
  具体的にさまざまなデータ解析の手法を説明する．
- カーネルの設計(5章)
  カーネル関数をどのように設計し計算するかについて説明する．
- 理論(6, 7章)
  この二つの章は主に2章を補い，カーネル多変量解析に関わる理論的な結果を体系的にまとめることを目的とする．

2008年10月

著　者

目　次

まえがき

第1章　現代の多変量解析とは　1

1.1　現代流の多変量解析とは　…………………………………… 2
(a)　データマイニング：隠れた構造の発見　2
(b)　テーラーメイド多変量解析：個性・多様化への対応　3

1.2　カーネル法とはどんなものか　……………………………… 4
(a)　関数の推定　4
(b)　基本の線形モデル　4
(c)　カーネル法登場　6
(d)　正則化：鋭すぎる刃物を鈍らせて使う　9

1.3　カーネル法の利点と応用分野　……………………………… 11
(a)　カーネル多変量解析の特徴　11
(b)　カーネル法の応用分野　12

1.4　カーネル法の種類：問題設定と計算法　…………………… 13
(a)　問題設定による分類　13
(b)　計算法による分類　16

第2章　カーネル多変量解析の仕組み　19

2.1　カーネル関数とは何か：特徴抽出からの導入　………… 20
2.2　正定値性からの導入　………………………………………… 25
2.3　確率モデルからの導入　……………………………………… 30
(a)　線形モデルのベイズ推論　30
(b)　正規過程からカーネルへ　32

2.4　汎化能力の評価とモデル選択　……………………………… 34

(a) クロスバリデーション　35
(b) 線形モデルの leave-one-out クロスバリデーション　36
(c) 具体例　36

第3章　固有値問題を用いたカーネル多変量解析　41

3.1　カーネル主成分分析 …… 42
(a) 低次元構造の抽出と情報量　42
(b) カーネル主成分分析と固有値問題　43
(c) カーネル主成分分析の問題点とデータ依存カーネル　47

3.2　次元圧縮とデータ依存カーネル …… 51
(a) 次元圧縮とカーネル法の等価性　51
(b) ラプラシアン固有マップ法：
グラフ上の物理モデルに基づく次元圧縮　52
(c) ISOMAP：多様体上の距離に基づく次元圧縮　56
(d) 局所線形埋め込み法：
線形モデルの貼り合わせによる次元圧縮　60

3.3　クラスタリング …… 63
(a) カーネル k-平均法　64
(b) スペクトラルクラスタリング　65

3.4　判別分析と正準相関分析 …… 68
(a) カーネル判別分析　69
(b) カーネル正準相関分析　73

3.5　カーネル独立成分分析 …… 79
(a) 独立成分分析の概略　80
(b) 主成分分析による無相関化　81
(c) 独立性の規準　82

第4章　凸計画問題を用いたカーネル多変量解析　85

4.1　サポートベクトルマシン …… 86

- (a) カーネル最小二乗クラス識別　86
- (b) サポートベクトルマシン：
　　二乗誤差から区分線形誤差へ　87
- (c) 解の条件とスパース性　90
- (d) 双対問題による計算の単純化　94
- (e) サポートベクトルマシンの幾何的意味：
　　マージン最大化　96
- (f) サポートベクトルマシンの汎化能力　98

4.2 サポートベクトル回帰　………………………………… 99
- (a) 二乗誤差から ϵ-不感応関数へ　99
- (b) 双対問題の導出　100
- (c) サポートベクトル回帰のスパース性　101
- (d) 損失関数の一般化　102

4.3 損失関数も最適化する：ν トリック　……………… 103

4.4 外れ値・新規性検出　…………………………………… 106
- (a) 1クラス ν-サポートベクトルマシン　107
- (b) データを包含する球　109

4.5 凸二次計画問題の基本解法　…………………………… 111

4.6 その他の話題　…………………………………………… 112
- (a) L_1 正則化によるスパース化　112
- (b) フーバー型ロバスト推定　115
- (c) カーネルロジスティック回帰：
　　確率モデルによるクラス識別　116
- (d) 多クラス識別　117

第5章　カーネルの設計　123

5.1 カーネルの変換と組み合わせ　………………………… 124
- (a) 基本形　124
- (b) 組み合わせの例　125
- (c) 平行移動不変カーネル　127

5.2 グラム行列の設計 ……………………………………… 128
　(a) 正定値でない類似度・距離からの設計　128
　(b) 拡散カーネル　129
　(c) 補助的な情報に基づくグラム行列の設計　130

5.3 確率モデルに対するカーネル ………………………… 133
　(a) フィッシャーカーネル　133
　(b) 周辺化カーネル　134

5.4 複雑なデータ構造に対するカーネル ………………… 135
　(a) カーネル設計の基本方針：分割統治と動的計画法　135
　(b) 多項式カーネルと動的計画法　137
　(c) 文字列カーネル　140
　(d) 列から木・グラフへ　144

第6章　カーネルの理論　147

6.1 特徴抽出からカーネルへ ……………………………… 148
　(a) 特徴ベクトルとパラメータの内積　148
　(b) 再生核ヒルベルト空間の構成　150
　(c) 再生性から特徴ベクトルへ　152
　(d) 再生核のテンソル積　154

6.2 正定値性 ………………………………………………… 155
　(a) 正定値性から再生核へ　155
　(b) 実数ベクトルに対するカーネル関数　157
　(c) グラム行列からカーネルへ　159

6.3 正定値行列の幾何 ……………………………………… 160
　(a) 指数分布族の情報幾何　160
　(b) モデルへの射影　162

第7章　汎化と正則化の理論　165

7.1 正則化：逆問題と不良設定問題 ……………………… 166

7.2 正則化とカーネル法 ･････････････････････････････････ 168
    (a) リプレゼンター定理　169
    (b) 正則化からカーネルへ　171
    (c) 正規過程：正則化と確率モデル　173

7.3 関数の複雑さと汎化の理論 ･･････････････････････････ 176
    (a) 経験損失と期待損失　177
    (b) 大数の法則の一般化　178
    (c) ラデマッハー複雑度による評価　182
    (d) カーネル関数の複雑度　186
    (e) VC次元との関係　187

A 付　録　191

A.1 回帰問題の leave-one-out クロスバリデーション誤差の導出 ･･･ 191

A.2 ラグランジュ関数と双対問題 ･･･････････････････････ 193

A.3 文献案内と謝辞 ･････････････････････････････････････ 196

関連図書　199

索　引　205

装丁　蛯名優子

1

現代の多変量解析とは

本章の目的はカーネル多変量解析の全体像をつかんでもらうことである．まず，カーネル法が目標とするような現代流の多変量解析とはどのようなものであるかについてあらましを述べる．次に，単純な例を使ってカーネル法とはどんなものなのかを感じてもらう．そして，カーネル法を使うとどんなよいことがあるか，どのような問題を解くことができるのかといった点について説明する．

1.1 現代流の多変量解析とは

はじめに，多変量解析の新しい傾向とその特徴について述べる．

(a) データマイニング：隠れた構造の発見

コンピュータやインターネットが発達し，データを大量に集めることが容易になってきた．コンビニエンスストアやネットショップでは，購買履歴などの顧客データが日々集積されているし，株価や為替などに関する経済データもオンラインで容易に入手できる．また，科学技術分野でも，人工衛星などから得られる地球観測データや，遺伝子解析の実験結果が大規模なデータベースとして構築されている．

こうしたデータは，たとえば顧客データなら売り上げを伸ばしたいとか，遺伝子解析なら病気に関係する新規の遺伝子を発見したいとか，本来何らかの目的をもって集められたものである．

しかしながら，得られるデータはあまりにも大規模で，生のデータを見てもどんな傾向があるのかまったく読み取ることはできず，そのままではこれらの目的に使うことはできない．必要な情報は，大規模ゴミに埋もれた宝石のようにデータの山の中に隠れ潜んでいる．

この隠れた構造をいかに取り出すかという問題は近年「データマイニング」と呼ばれ，研究が進められている．そのために使われる強力な道具の一つが本書のテーマであるカーネル法（カーネル多変量解析）である．

本来，多変量というのは，次元の高い数値ベクトルで与えられるようなデータのことを指すが，現代ではそれに限定されないより複雑なものを扱う必要がある．購買履歴の例で言えば，購入された時刻，購入されたもの，価格，買った人のさまざまな属性データ（個人ID，年齢，性別など）などが並んでいる表を想像してみるとよい．

これらのデータの大きな特徴は，単に次元が高いというだけでなく，さまざまな種類のデータが混在しているということである．たとえば，価格や年齢のようにある程度数値的に取り扱えるものと，購入されたものの名前のように離

散的な表現をもつものが混ざっている．ほかの種類のデータでも，たとえば遺伝子データではDNA配列のような系列データを扱う必要があるし，アンケートデータなどでは，自然言語も扱う必要がある．これらのデータに対して古典的な多変量解析手法で対処するのは無理がある．そこで，カーネル法では複雑なデータA, Bがあったとき，それらの間の関係を$k(A, B)$という実数値関数（カーネル関数）によって要約し，すべてを数値の世界に持ち込んで処理する．カーネル関数は関数解析で出てくる「核関数」がその名の由来である（詳しくは6章を参照のこと）．そのことにより，データの複雑さに煩わされることなくデータ処理手法を設計することが可能となる．ただし，このカーネル関数をどう設計するかが大きな問題として残されるが，それは本書の後半で詳しく取り扱う．

(b) テーラーメイド多変量解析：個性・多様化への対応

現代におけるデータ解析のもう一つの特徴は，目的も複雑で多様化しているという点である．購買データにしても，仕入れや在庫管理といった目的に使うというだけではなく，それぞれの顧客に新たな商品を薦めたり，何を買うかを予測したりするといったさまざまな目的があり得る．目的が異なれば使うべき手法は当然変化してくる．遺伝子の発見のように，どこにどのように隠れているかわからないものを取り出すためには，そもそもどのような手法を使うべきかもはっきりしない．そうしたときには，いろいろな手法を試行錯誤的に試してみるしかない．

カーネル法というのは何か特定の一つの分析手法を指しているわけではない．極論すればカーネル関数を使うデータ解析手法はすべてカーネル法と呼ぶことができる．本書の立場は，データ解析者がそれぞれの目的に応じたテーラーメイドな解析手法を設計するための手助けをすることにある．まず，効率的に目的を達成するためには，カーネル法に関するいくつかの特徴を知っておく必要がある．また，何もないところから解析手法を編み出すことはなかなか難しいので，テンプレートとなる典型的な手法をいくつか紹介しておくことにも意味があるだろう．

実際にカーネル法を適用する際には，既存のソフトウェアパッケージが比較

的簡単に手に入る一方，それを使いこなそうとすると，パラメータをどう選ぶか，どの手法を使えばよいかなどで悩むことになる．これらの問題を解決するのにもカーネル法の仕組みを知っておくことは役に立つと思う．

1.2　カーネル法とはどんなものか

ここでは，カーネル法が実際にどんなものであるかというイメージをつかむために，関数推定という単純な例を使って手法のあらましを述べることにする．

(a) 関数の推定

まず最初に，数値データの間の関数関係を推定することを考える．たとえば，いくつかの指標に基づいて，将来の株価を予測するというような状況である．

記号を使って書くと，d 個の数値を並べた変数 $\boldsymbol{x}=(x_1, x_2, \ldots, x_d)^\mathrm{T}$ と，y という変数の組を考え[*1]，入力 $\boldsymbol{x}$ から y を出力する関数を推定する問題である．このときサンプルデータとして，$\boldsymbol{x}$ と y の組を n 個もっているとする．そのうち i 番目のサンプルの $\boldsymbol{x}$ を $\boldsymbol{x}^{(i)}=(x_1^{(i)}, x_2^{(i)}, \ldots, x_d^{(i)})^\mathrm{T}$ とし，それに対応する y を $y^{(i)}$ と書くことにしよう（$i=1, 2, \ldots, n$）．

特に $\boldsymbol{x}$ が 1 次元なら，2 次元平面上の点としてそれぞれのサンプルを描くことができる（図 1.1）．

(b) 基本の線形モデル

カーネルを使った手法を述べる前に，その基本である線形モデル

$$y = \boldsymbol{w}^\mathrm{T}\boldsymbol{x} = \sum_{m=1}^{d} w_m x_m \tag{1.1}$$

を考えよう．これは，$\boldsymbol{x}$ の各成分 x_m に w_m という重みを掛けて足したものになっている．

[*1] X^T は X の転置を表わす．ベクトルは縦ベクトルを基本とするが，スペースの都合上このように横ベクトルの転置の形で表現する．

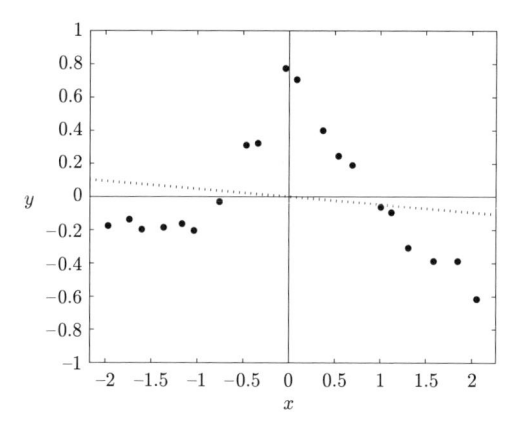

図 **1.1** 関数推定の例．x から y への関数を与えられた点だけを使って推定する．図の点線は，この点集合にもっともよくあてはまる原点を通る直線，すなわち線形モデルである．

図 1.1 で言えば，データに(原点を通る)直線をあてはめることに相当する．この直線は以下に示すように，簡単な計算で求めることができる．

図に示したように，実際のデータは直線でうまくあてはめられるとは限らないし，測定値にノイズが含まれたりもしているので，すべてのデータが一本の直線上にちょうどのるようなことはまずあり得ない．そこで，直線からのずれに損失を設定し，その合計ができるだけ少なくなるような直線を求めることにする．損失として二乗誤差

$$r_{\text{square}}(y, \boldsymbol{x}; \boldsymbol{w}) = (y - \boldsymbol{w}^{\text{T}} \boldsymbol{x})^2 \qquad (1.2)$$

を取れば，以下で導くように $\boldsymbol{w}$ を求める計算が簡単になる．すべてのサンプルに対する二乗誤差の総和は

$$R(\boldsymbol{w}) = \sum_{j=1}^{n} r_{\text{square}}(y^{(j)}, \boldsymbol{x}^{(j)}; \boldsymbol{w}) = \sum_{j=1}^{n} (y^{(j)} - \boldsymbol{w}^{\text{T}} \boldsymbol{x}^{(j)})^2 \qquad (1.3)$$

となり，これを最小にする $\boldsymbol{w}$ を見つけることが目標である．まず，この式をシンプルに書き表わすために，サンプルを並べたものをまとめて，

$$\boldsymbol{y} = \begin{pmatrix} y^{(1)} \\ y^{(2)} \\ \vdots \\ y^{(n)} \end{pmatrix}, \quad X = \begin{pmatrix} \boldsymbol{x}^{(1)\mathrm{T}} \\ \boldsymbol{x}^{(2)\mathrm{T}} \\ \vdots \\ \boldsymbol{x}^{(n)\mathrm{T}} \end{pmatrix} = \begin{pmatrix} x_1^{(1)} & \cdots & x_d^{(1)} \\ x_1^{(2)} & \cdots & x_d^{(2)} \\ \vdots & \ddots & \vdots \\ x_1^{(n)} & \cdots & x_d^{(n)} \end{pmatrix} \quad (1.4)$$

のようにベクトルや行列を用いた記号を導入すれば，二乗誤差の和は

$$R(\boldsymbol{w}) = (\boldsymbol{y} - X\boldsymbol{w})^{\mathrm{T}}(\boldsymbol{y} - X\boldsymbol{w}) \quad (1.5)$$

と書ける．さて，この $R(\boldsymbol{w})$ を最小にする $\boldsymbol{w}$ を求めるには，$\boldsymbol{w}$ で微分して $\boldsymbol{0}$ となる点を見つければよい．$R(\boldsymbol{w})$ は $\boldsymbol{w}$ の2次式なので，微分すれば1次方程式

$$\frac{\partial R(\boldsymbol{w})}{\partial \boldsymbol{w}} = -2X^{\mathrm{T}}(\boldsymbol{y} - X\boldsymbol{w}) = \boldsymbol{0} \quad (1.6)$$

となり，$\boldsymbol{w}$ について解けば，

$$\boldsymbol{w} = (X^{\mathrm{T}}X)^{-1}X^{\mathrm{T}}\boldsymbol{y} \quad (1.7)$$

が得られる．ただし，$X^{\mathrm{T}}X$ は逆行列をもつと仮定した．これを図1.1のサンプルに適用して引いたのが図の中に点線で表わした直線であるが，誤差が大きく，このサンプルを生成した関数を適切に表現するモデルとは言い難いことがわかるであろう．

（c） カーネル法登場

それでは，いよいよカーネル法によって関数推定をするやり方を説明しよう．まず，本書の主人公であるカーネル関数を導入する．カーネル関数は二つの入力 $\boldsymbol{x} = (x_1, \ldots, x_d)^{\mathrm{T}}$, $\boldsymbol{x}' = (x_1', \ldots, x_d')^{\mathrm{T}}$ から計算される関数 $k(\boldsymbol{x}, \boldsymbol{x}')$ である．なぜカーネル関数と呼ばれるか，あるいはカーネル関数が満たすべき条件など，詳しいことは後の章で述べることにして，ここでは非常によく使われる

$$k(\boldsymbol{x}, \boldsymbol{x}') = \exp\left(-\beta \|\boldsymbol{x} - \boldsymbol{x}'\|^2\right) \quad (1.8)$$

という関数を使うことにする（図1.2）．ただし，$\| \ \|$ の意味は $\boldsymbol{z} = (z_1, \ldots, z_d)^{\mathrm{T}}$

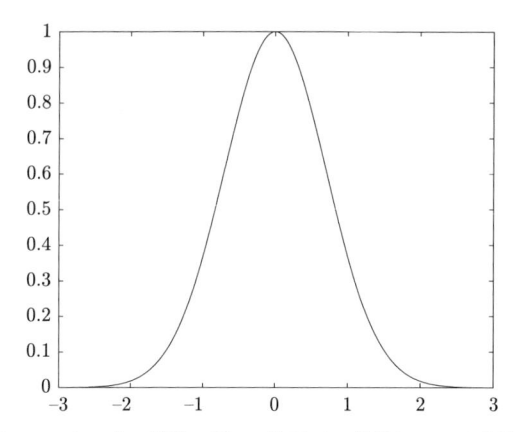

図 1.2 カーネル関数の例. 1 次元で, 横軸に $x-x'$ を取ったときの $k(x,x')$ をプロットしたもの.

に対して $\|\boldsymbol{z}\|^2 = \sum_{m=1}^{d} z_m^2$ とする. これは $\boldsymbol{x}=\boldsymbol{x}'$ のとき最大値 1 を取り, 直観的には $\boldsymbol{x}$ と $\boldsymbol{x}'$ の近さを表わす量になっている. また, β はあらかじめ適当に決めておくパラメータである.

さて, カーネル法では, $\boldsymbol{x}$ に対して,

$$y = \sum_{j=1}^{n} \alpha_j k(\boldsymbol{x}^{(j)}, \boldsymbol{x}) \tag{1.9}$$

という関数をあてはめる. つまり, 与えられた $\boldsymbol{x}$ に対して, 各サンプル $\boldsymbol{x}^{(j)}$ との近さを測った $k(\boldsymbol{x}^{(j)}, \boldsymbol{x})$ を一つの成分と見て, それらを α_j という重みで足し合わせたモデルである.

この場合も線形の場合と同じように二乗誤差

$$r_k(y, \boldsymbol{x}; \boldsymbol{\alpha}) = (y - \sum_{j=1}^{n} \alpha_j k(\boldsymbol{x}^{(j)}, \boldsymbol{x}))^2 \tag{1.10}$$

を最小にするように $\boldsymbol{\alpha}=(\alpha_1,\ldots,\alpha_n)^{\mathrm{T}}$ を決めることにしよう. ここで, $K_{ij}=k(\boldsymbol{x}^{(j)}, \boldsymbol{x}^{(i)})$ を (i,j) 成分とするような行列を

とおくと，二乗誤差の総和は

$$R_k(\boldsymbol{\alpha}) = \sum_{i=1}^{n} r_k(y^{(i)}, \boldsymbol{x}^{(i)}; \boldsymbol{\alpha}) = (\boldsymbol{y} - K\boldsymbol{\alpha})^{\mathrm{T}}(\boldsymbol{y} - K\boldsymbol{\alpha}) \tag{1.12}$$

$$K = \begin{pmatrix} k(\boldsymbol{x}^{(1)}, \boldsymbol{x}^{(1)}) & k(\boldsymbol{x}^{(2)}, \boldsymbol{x}^{(1)}) & \ldots & k(\boldsymbol{x}^{(n)}, \boldsymbol{x}^{(1)}) \\ k(\boldsymbol{x}^{(1)}, \boldsymbol{x}^{(2)}) & k(\boldsymbol{x}^{(2)}, \boldsymbol{x}^{(2)}) & \ldots & k(\boldsymbol{x}^{(n)}, \boldsymbol{x}^{(2)}) \\ \vdots & \vdots & \ddots & \vdots \\ k(\boldsymbol{x}^{(1)}, \boldsymbol{x}^{(n)}) & k(\boldsymbol{x}^{(2)}, \boldsymbol{x}^{(n)}) & \ldots & k(\boldsymbol{x}^{(n)}, \boldsymbol{x}^{(n)}) \end{pmatrix} \tag{1.11}$$

と書ける．これは線形モデルの場合の X と $\boldsymbol{w}$ をそれぞれ K と $\boldsymbol{\alpha}$ に置き換えただけだから，解は（K が正則行列なら）

$$\boldsymbol{\alpha} = (K^{\mathrm{T}} K)^{-1} K^{\mathrm{T}} \boldsymbol{y} \tag{1.13}$$

となる．さらに，任意の $\boldsymbol{x}, \boldsymbol{x}'$ に対して $k(\boldsymbol{x}, \boldsymbol{x}') = k(\boldsymbol{x}', \boldsymbol{x})$ が成り立ち，K は対称行列となる．すなわち $K^{\mathrm{T}} = K$ であるから，$(K^{\mathrm{T}} K)^{-1} K^{\mathrm{T}} = (K^2)^{-1} K = K^{-1}$ となるため，実はこれはもっと簡単に

$$\boldsymbol{\alpha} = K^{-1} \boldsymbol{y} \tag{1.14}$$

と書ける．こうして得られた関数が図 1.3 である（ただし $\beta=1$ とした）．これはサンプル点を誤差なしで完璧に通る解になっている．

しかしながら，一見してわかるように，この関数はグラフの両端では不安定な振動を示し，プロットした範囲を大きく外れてしまっている．この関数が正しい入出力関係を表わしているとはとても思えない．

一般に，データ解析は与えられた有限個のサンプルだけに基づいて行なわなければならないが，下手をすると，サンプルに過度に適合した見かけの構造が取り出されてしまう可能性がある（これを過学習という）．しかしながら，本当に取り出したいのは，与えられていない入力に対する出力も含めた真の構造である．サンプルという部分的な情報から，全体の構造をどれだけ推測できるかという能力を「汎化能力」と呼ぶ．

カーネル関数を使ったモデルにはサンプル数と同じだけの自由度があるため，常に誤差のない曲線を得ることが可能である．誤差のないのは一見よいこ

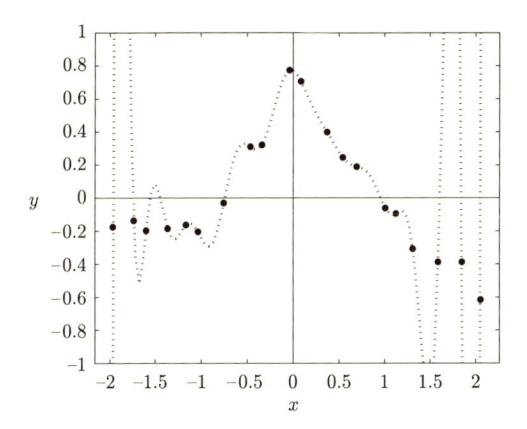

図 1.3 カーネル関数を使った近似(誤差なし). あてはめた関数(点線で示したもの)は図のはるか外にまで発散している.

とのように思われるかもしれないが，この例からわかるように，サンプルとサンプルの間では非常に不安定な挙動を示し，汎化能力は一般に低くなる．

(d) 正則化：鋭すぎる刃物を鈍らせて使う

一般にパラメータの次元が高くなると，関数の表現能力が指数関数的に増大するため汎化能力が落ちる．これを「次元の呪い」と呼び，通常パラメータの次元は必要最小限に抑えるのがよいとされている．これに対して，カーネル法では次元は高次元に保ったまま，関数の表現能力を抑える正則化(regularization)という方法を使う．

正則化は，サンプルに対する誤差のほかに余分な項を付け加えたものを最小化することによって，カーネル関数の表現能力を落としてやるという方法である．この余分な項としていろいろなものが考えられるが，ここでは $\boldsymbol{\alpha}^\mathrm{T} K \boldsymbol{\alpha}$ という $\boldsymbol{\alpha}$ の 2 次形式を λ という正の数で重みづけて加える．すなわち，

$$R_{k,\lambda}(\boldsymbol{\alpha}) = (\boldsymbol{y}-K\boldsymbol{\alpha})^\mathrm{T}(\boldsymbol{y}-K\boldsymbol{\alpha})+\lambda\boldsymbol{\alpha}^\mathrm{T} K\boldsymbol{\alpha}, \quad \lambda > 0 \qquad (1.15)$$

という関数の最小化を行なう．λ が非常に小さければ，前項(c)に述べた結果に近づくため汎化能力に乏しい不安定な解が得られる．一方，λ をどんどん

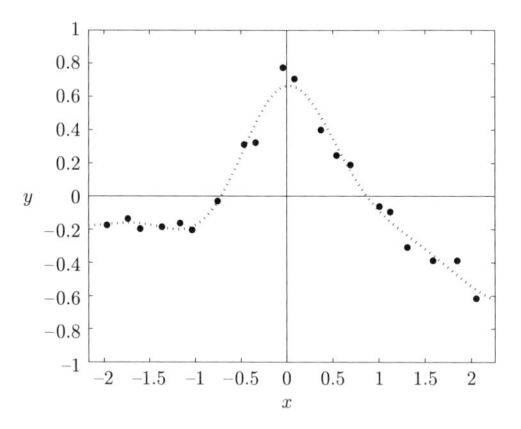

図 1.4 カーネル関数を使った近似(正則化)

大きくしていけば,サンプルにあてはめようとする効果が弱められ,2次形式 $\boldsymbol{\alpha}^{\mathrm{T}} K \boldsymbol{\alpha}$ を最小にする点,すなわち $\boldsymbol{\alpha}=\mathbf{0}$ という解に近づいていく.これは何もしないという点で不安定性はないが,サンプルへのあてはめはまったく行なわないので汎化能力はやはり乏しい.実際にはそういった極端な値ではなく,中間的な値にして不安定性とあてはまりのよさとのバランスを取るのがよい.

さて,式(1.15)はやはり $\boldsymbol{\alpha}$ の2次関数だから,微分して $\mathbf{0}$ とおけば

$$-K(\boldsymbol{y}-K\boldsymbol{\alpha})+\lambda K\boldsymbol{\alpha} = \mathbf{0} \tag{1.16}$$

となり,ここでも K が正則だと仮定すれば,

$$\boldsymbol{\alpha} = (K+\lambda I_n)^{-1}\boldsymbol{y} \tag{1.17}$$

という解が得られる.ここで,I_n は n 次の単位行列である.汎化能力を最適化するように λ を決めるのは一般に難しい問題であるが,とりあえず $\lambda=0.01$ として得られた関数が図1.4である.図1.3と比べてみると,なめらかになった関数が得られ,サンプルとの誤差は大きくなっているが,よりもっともらしい汎化能力の高い関数になっている.このような方法は「正則化」と呼ばれ,本書において重要な役割を果たしている.なお,正則化を行なう際に加えた $\lambda \boldsymbol{\alpha}^{\mathrm{T}} K \boldsymbol{\alpha}$ を正則化項と呼び,その強さを調節している λ を正則化パラメータと呼ぶ.

1.3 カーネル法の利点と応用分野

この節では,カーネル法を使うとどういういいことがあるか,またそれを生かした応用分野にはどのようなものがあるかについてあらましを述べよう.

(a) カーネル多変量解析の特徴

以下,カーネル法を使う利点を列挙する.

(1) サンプルが増えればどんどん複雑にできる

最初に述べた基本の線形モデル(式(1.1))では,サンプル数がいくら増えても直線近似であることに変わりがない.しかし,カーネル関数を使ったモデル化(式(1.9))では,パラメータ α の次元がサンプル数と同じになっており,それだけ自由度が高いモデルとなる.このためカーネル法では一般に,サンプル数が増えれば増えるほど(正則化パラメータを適当に取ればという条件付きではあるが)複雑な関数を表現することが可能となる.

(2) 線形性と非線形性の二つの側面

式(1.9)を見ればわかるように,カーネル関数を使ったモデル化では,決めるべきパラメータについては線形性が保たれているが,入力データ x については非線形な関数を実現している.一般にパラメータについて非線形になっているモデルは最適化するのが難しい.そこでカーネル法では,パラメータは線形性を生かした高速計算によって求めることにより,全体として非線形性をもつ複雑なモデルにあてはめることができる.この点でカーネル法は,線形と非線形両方の長所をあわせもっている.

(3) 高次元・非数値データをくるむ殻

カーネル法が近年脚光を浴びている大きな理由の一つは,カーネル関数という殻をかぶせることにより,どんな種類のデータでも扱えることにある.前節の例では1次元の実数から実数への関数を扱ったが,カーネル関数の中身は1

次元の実数である必要はない．高次元のデータでもよいし，さらに言えば実数ベクトルでなくてもよい．このようにすると，文字列やグラフ構造など複雑なデータ構造をもつものに対しても，実数と同じように処理できるようになり，カーネル法の適用範囲が大幅に広がる．

(4) カーネル計算のモジュール化

例では，カーネル関数として式(1.8)のものを用いたが，結果として得られるパラメータの最適解はカーネル関数の値をならべた行列 K だけに依存し，式を導くのにカーネル関数が何かということはまったく考えなくてよかった．このように，カーネル関数によるモデル化では，カーネル関数がどのような関数になっているかはその後の処理(関数近似など)の仕方に影響を与えないことが多い[*2]．これは，手持ちのデータがどんなに複雑なものであっても，いったんカーネル関数を計算してやれば，データの複雑さと関係なく汎用的に処理が進められることを意味している．カーネル関数を計算する部分とその後の処理を分離することができるのはカーネル法の大きな特徴の一つである．もし，そうでなければ，カーネル関数を設計するごとに処理のアルゴリズムまで新規に開発しなければならないからである．

(b) カーネル法の応用分野

カーネル法は，文字認識や音声認識といった従来からあるパターン認識の性能を大きく向上させた．サポートベクトルマシンは，非常に単純な原理でできているにもかかわらず，文字認識のためにさまざまなチューニングを施した非線形モデルの認識率に肩を並べる性能を簡単に達成してしまい，パターン認識研究者に少なからずショックを与えたものである．

その後，上に述べたような特性を生かして，従来の多変量解析が適用可能でなかった応用分野にまで適用範囲が広がってきた．たとえば，Webページをはじめとする大量のテキストから有用な情報を抽出するためには，自然言語や文書のもつ構造(構文木やXMLなど)を扱う必要がある．こうした複雑なデー

[*2] もちろんアルゴリズムとして変わらないということで，得られる結果には影響がある．

タであっても，カーネル関数さえうまく計算してやれば，実数から実数への関数を求めるのと同じような手軽さで，分類や識別，予測といったさまざまなデータ解析を扱うことができる．こうした技術は，検索エンジンや商品推薦システムといった Web 上のサービスに生かされている．

このほかカーネル法が効果的に適用されている例として，バイオインフォマティクスと呼ばれる分野がある．これは，DNA やアミノ酸の配列から情報を読み取り，有用な遺伝子を発見し，最終的には医療や創薬を目的とするものである．DNA 配列などは文字列として扱う必要があるし，遺伝子を発現させるさまざまな生物実験のデータは非常に多様性がある．そんな複雑さもカーネル関数がうまく吸収してくれる．このように，現在ではありとあらゆる分野でデータ解析が求められており，汎用性と柔軟性を備えたカーネル法はその活躍の場を広げ続けている．

1.4 カーネル法の種類：問題設定と計算法

多変量解析の手法は，問題設定ごとに分類して説明していくこともできるが，別なやり方として，計算法によって分類することもできる．特にカーネル法では計算アルゴリズムの側面を重視しており，計算法でまとめたほうが共通点が多い．そこで，本書全体を通じて，計算法で分けた章立てをすることにする．だが，あくまで問題設定と計算法がうまくかみ合って初めてデータ解析がうまくいくことに注意しよう．織物で言えば，問題設定と計算法は横糸と縦糸の関係にあり，どちらが欠けても成り立たない．

(a) 問題設定による分類

本書では計算法によって手法を分類しているので，同じ問題設定でも別々の章に述べられていることがある．そのため，問題設定による大まかな分類をここでまとめておこう．なお以下では，なんらかの規準に基づいてモデルのパラメータを推定することを，機械学習の用語を用いて「学習」と呼ぶこともある．

(1) 関数近似

1.2 節の例で考えたような,入力 x から出力 y への関数を推定するのは,二つの変数の関係を調べたり,x から y を予測したりする目的で行なわれる.模範となる出力値 y が与えられているという意味で,この出力を「教師出力」とか「教師信号」と呼ぶ.

関数近似には,例で考えたような実数値の出力値を学習するものと,離散値を出力とするものとがある.たとえば,株価や気温といった数値データは基本的に実数値のデータとみなせるし,文字認識のように入力された文字が何であるかという情報は離散的に表わされる.実数値の出力を学習する場合を回帰(regression),離散値の出力を学習する場合をクラス識別(classification)と呼ぶ.

ところでカーネル法は一般に,1.2 節の例で述べたのと同様,もととなる線形モデルに対する手法があって,それを拡張したものととらえられる.1.2 節では回帰の問題を扱ったが,もととなる $y=\bm{w}^\mathrm{T}\bm{x}$ のモデルのあてはめは「線形回帰」と呼ばれ,従来の多変量解析で行なわれてきたものである.一方,それをカーネル関数を使って拡張した式(1.9)のモデルのあてはめは「カーネル回帰」と呼ばれる[*3].また,これらは二乗誤差を最小にするモデルを求めているので,損失関数に着目すれば「最小二乗法」と呼ばれる.

(2) 情報圧縮

多変量データでは,必要な情報がたくさんの変数の中に埋もれていることが多いので,入力から必要な情報だけを抽出するというのは重要な処理である.一般に,その処理のことを情報圧縮という.これは,情報を図に表現する可視化のためや,あるいは,あらかじめ不要な情報を取り除いて,その後の処理を単純化する前処理といった目的で行なわれる.

情報圧縮の中でも基本的なのは教師出力がまったく与えられていない場合である.このとき,出力として低次元の実数ベクトルを出力するということが考えられる.これは多変量の中に低次元空間の構造が隠されているときに有効な

[*3] カーネル回帰で行なったように,$\lambda\bm{\alpha}^\mathrm{T}K\bm{\alpha}$ という正則化項を加えて回帰を行なうのは,リッジ(ridge)回帰と呼ばれる.

方法で，代表的なものに**主成分分析**がある．一方，データがいくつかのグループに分かれているような場合には，それぞれのグループを代表するような離散個の点を出力するほうが適しているであろう．そのような手法は**クラスタリング**（クラスタ分析）と呼ばれる．

さて，教師信号がある場合にも情報圧縮を考えることができる．たとえばクラス識別と同じように入力と離散値出力が与えられているとしよう．このとき，直接与えられた出力を学習するのではなく，クラス識別をするために重要な情報を出力する．これによってクラス識別とは関係のない情報はあらかじめ除去し，クラス識別を単純化できることが期待される．情報を低次元ベクトルに圧縮する方法の一つが**判別分析**である．

このほか，入力が一つの x だけでなく，音声と画像のように二つ以上の異なった性質をもつ入力があったときに，それらに共通して含まれる情報だけを低次元ベクトルとして取り出すのが**正準相関分析**である．

(3) より複雑な問題

上で挙げた数種類の分析法が従来からある線形多変量解析でも行なわれてきた主要なものである（問題の分類を図 1.5 にまとめておいた）．ただし，現代の多変量解析では，これ以外にもさまざまな問題設定でデータ解析が行なわれている．以下で述べるのは，本書ではあまり深くは扱わないが，重要であると考

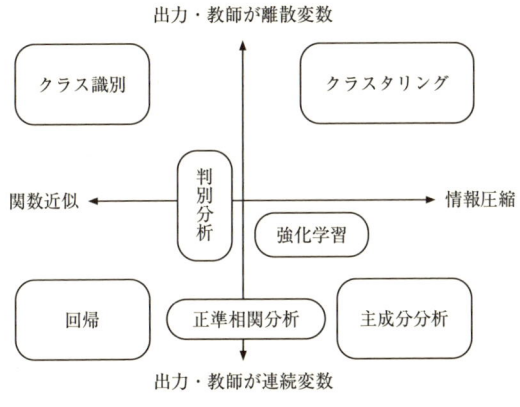

図 1.5 問題設定による多変量解析法の分類

えられるものである．

まず，「準教師あり学習」と呼ばれる問題である．回帰やクラス識別では，入力とそれに対応する出力がすべて与えられていた．だが，大量にサンプルがある場合に，そのすべてに正解を割り当てるのは労力的に無理がある．そこで，一部のサンプルだけに正解を与え，その情報に基づいて，正解を与えないサンプルの出力を予測するなどして，学習を効率的に行なう工夫をするのが準教師あり学習の枠組みである．

また，ロボットやゲームの学習制御などで用いられる「強化学習」では，制御の仕方が教師出力として与えられるわけではなく，外部からは報酬という形で情報を得るだけで，どう制御すれば報酬を得られるかは試行錯誤などを通じて獲得していくしかないという意味で，一段難しい問題である．

さて，回帰では連続値，クラス分類では離散値という出力を考えたが，それをより複雑なものにするということも考えられる．このうち近年重要度を増しているものに，順序データがある．これには，検索エンジンやいくつかのインターネット上のショッピングサイトで見られるような商品のお薦めシステムが関係している．これらのサイトでは，Webページや商品をユーザの嗜好に応じて順番づけして出力する．順序はものの集合の中で相対的に決まるものだから，絶対的な数値などとは多少性質が異なるものであり，研究が盛んに行なわれている．

(b) **計算法による分類**——二乗誤差から凸誤差へ

さて，上に挙げたようなさまざまな問題を解く際に共通していることは，何らかの損失関数(目的関数)を定義し，それをパラメータについて最小にするという最適化問題を解くということに帰着できるという点である．

この損失関数をどのように設計するかによって計算法が大きく変わる．1.2節の例で挙げた関数近似の例では逆行列を求めるだけでよかった．直観的には $y=wx$ という1次方程式の x と y が与えられれば，w は $w=y/x$ によって求められるということである．

このように逆行列という形にしろ，陽に解が求まることが理想であるが，それだけで解ける問題というのは数が知れている．そこで，もう少しだけ広げて

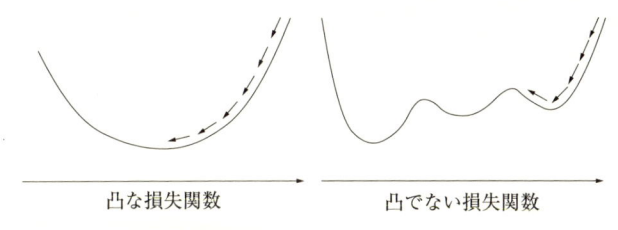

図 **1.6** 局所最適解がたくさんある問題は最小化が難しい.
一方,凸であれば簡単になる.

考えてみよう.陽に解が求まらない場合に,容易に解が求められるためには,損失関数がすり鉢状の凸関数の形をしていることが重要である.一般に,損失関数に凸凹があると,どこが本当の最適解かを判断することが困難になる(図1.6).ある地点から損失関数の坂を下りていくとどこかの窪地にはまって身動きが取れなくなる.これを局所最適解の問題というが,凸関数であればそういう心配はない.関数近似の例で考えた損失関数は,まず $r_k(y, \boldsymbol{x}; \boldsymbol{\alpha})$ という関数が $\boldsymbol{\alpha}$ について2次式であり,その形状を調べると凸関数になっている(2階微分が正).

ただ単に極小解が一つだけあればよいのであれば,凸関数であるというのは少し強すぎる制限に感じるもしれない.しかしながら,例で見たように,実際に最適化するのは,$r_k(y, \boldsymbol{x}; \boldsymbol{\alpha})$ をサンプルについて和を取った $R_k(\boldsymbol{\alpha})$ という関数であり,さらに正則化を行なう場合には正則化項が足される.このような場合でも,$r_k(y, \boldsymbol{x}; \boldsymbol{\alpha})$ が凸関数で,正則化項も $\lambda \boldsymbol{\alpha}^\mathrm{T} K \boldsymbol{\alpha}$ といった凸関数を使うことにすれば,「凸関数の和は凸関数になる」という性質によって,最適化すべき関数が常に凸であるということが保証される.$r_k(y, \boldsymbol{x}; \boldsymbol{\alpha})$ のそれぞれが局所最適解を一つしかもたないとしても,その和が局所最適解を一つしかもたないかどうかは一般には言えない.そういうわけで,本書では原則的に凸関数の損失関数・正則化項だけを考えることにする.

凸な関数の最適化問題と一口で言っても,計算量という観点から見ると,やさしいものから難しいものまで階層がある.まず,最も簡単なのは,関数近似を二乗誤差の最小化によって行なう場合で,線形方程式の解,すなわち逆行列の計算だけで済む.

しかしながら，問題が次元圧縮になったり，離散変数が出てきたりするとそれだけでは足りなくなってくる．そういった問題は固有値問題として定式化されるが，ここまでは基本的に従来の多変量解析の自然な拡張とみなすことができる．3章で見るように，固有値問題まで広げると，かなり広い範囲の問題を解くことができるようになる．

一方，サポートベクトルマシンなどは，固有値問題より一段階難しい線形計画問題や二次計画問題といった凸最適化問題に帰着される．4章で述べるように，これによって，外れ値や例外値などが含まれていても頑健(ロバスト)な推定が可能となったり，関数を少ないパラメータ数で表現できるようになったりする．

2

カーネル多変量解析の仕組み

1章の1.2節で述べた例で，カーネル法のイメージはつかめたと思う．カーネル法とは，カーネル関数の重みつきの和で表わしたモデルを正則化付きで最適化するデータ解析手法である．カーネル関数というものをとりあえず天下り式に与え，それが確かに複雑な非線形関数を近似できることがわかった．だが，なぜカーネル関数などというものが出てくるのだろうか．カーネル関数が満たすべき条件は何だろうか．また，モデルをサンプル点でのカーネル関数の線形和の形に限定したが，サンプル点以外の点も使えばもっと複雑な関数が実現できるのではないだろうか．具体的なカーネル多変量解析の手法の紹介に入る前に，本章ではこれらの疑問に答えていこう．

2.1 カーネル関数とは何か：特徴抽出からの導入

1章の1.2節の最初に説明した基本となる線形モデル

$$y = \boldsymbol{w}^\mathrm{T} \boldsymbol{x}$$

そのものでは，どうがんばっても $\boldsymbol{x}$ と y の間の直線的な関係しかモデル化できない．直線でうまくいかなければ，たとえば2次式，3次式というように高次の多項式を使うことが考えられる．すなわち，1次元入力 x の場合で言えば，

$$f(x) = \sum_{m=1}^{d} w_m x^m \tag{2.1}$$

という関数によって近似を行なうというものである．これは x については非線形であるが，最適化するパラメータ w_m については線形になっているところが重要で，線形モデルの場合と同様な最適化問題を解くことに帰着される．

より一般に $\boldsymbol{x}$ に何か定まった非線形変換を施して高次元空間に写像することを **特徴抽出** と呼ぶ[*1]．非線形変換というフィルタを介して $\boldsymbol{x}$ のいろいろな特徴量を取り出すというイメージである．

一般に，$\phi_1, \ldots, \phi_d$ という非線形関数で特徴抽出されたベクトル（特徴ベクトル）を $\boldsymbol{\phi}(\boldsymbol{x}) = (\phi_1(\boldsymbol{x}), \ldots, \phi_d(\boldsymbol{x}))^\mathrm{T}$ と書くことにする．式(2.1)の1変数の多項式の例で言えば，$\boldsymbol{\phi}(x) = (x, x^2, x^3, \ldots, x^d)^\mathrm{T}$ という d 次元の特徴ベクトルを抽出していることに相当する．特徴抽出された空間において線形モデルを考えると，

$$f_w(\boldsymbol{x}) = \boldsymbol{w}^\mathrm{T} \boldsymbol{\phi}(\boldsymbol{x}) = \sum_{m=1}^{d} w_m \phi_m(\boldsymbol{x}) \tag{2.2}$$

と書ける．

特徴抽出してからデータ解析をするというのは，パターン認識の分野で昔から広く認知されてきた考え方である．上では特徴抽出を複雑な関数関係を実現

[*1] 通常のパターン認識などでは高次元のデータを低次元化するために特徴抽出を行なうことが多いが，この場合は逆により高次元の空間に変換する場合も含めて特徴抽出と呼ぶことに注意する．

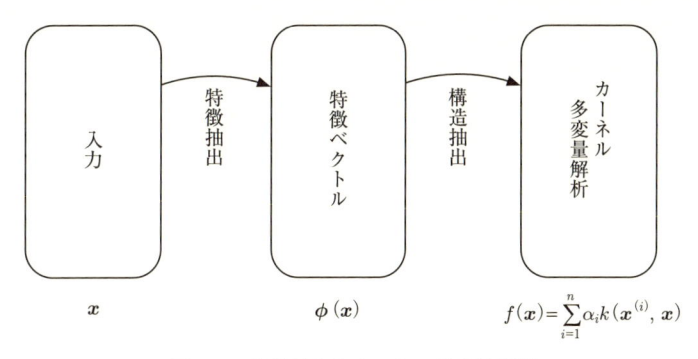

図 2.1 特徴抽出とカーネル多変量解析

するために導入したが,特徴抽出にはもう一つ大きなメリットがある.特徴抽出をしない線形モデルでは入力 x は実ベクトルである必要があったが,特徴ベクトルが実ベクトルであれば元の x はもはや実ベクトルである必要はない.このことによって x が文字列やグラフ構造といった複雑な対象の場合でも実ベクトルの場合と同じように手法を適用できるようになるのである(図 2.1).

さて,我々の主役であるカーネル関数[*2]は,この特徴抽出という考え方に基づいて,以下のように定義しておくと都合がよい.ここで変数 x の集合を $\mathcal{X}$ と書くことにしよう.上記の議論から $\mathcal{X}$ は任意の集合でよい.

■ 特徴抽出を用いたカーネル関数の定義

$\mathcal{X}$ の二つの要素 x, x' に対し,カーネル関数 $k(x, x')$ は x, x' それぞれの特徴ベクトルどうしの内積

$$k(x, x') = \phi(x)^{\mathrm{T}} \phi(x') = \sum_{m=1}^{d} \phi_m(x) \phi_m(x') \tag{2.3}$$

として定義される.

式(2.1)の1変数多項式の例ではカーネル関数は

$$k(x, x') = \sum_{m=1}^{d} x^m (x')^m \tag{2.4}$$

[*2] カーネル関数(kernel function)は単にカーネル,あるいは日本語で核関数と呼ばれることもある.

となる.

このように定義されたカーネル関数の重要な性質は,特徴ベクトルとパラメータの内積という形の関数 $f(\boldsymbol{x})=\boldsymbol{w}^{\mathrm{T}}\boldsymbol{\phi}(\boldsymbol{x})$(式(2.2))が,実はカーネル関数の線形和で表わされることである.

■ 内積のカーネルによる表現

$\boldsymbol{\phi}(\boldsymbol{x})$ とパラメータの内積である式(2.2)は,十分多くの $\boldsymbol{x}_1,\boldsymbol{x}_2,\ldots$ を適切に選ぶことにより,

$$f(\boldsymbol{x}) = \sum_i \alpha_i k(\boldsymbol{x}_i, \boldsymbol{x}) \qquad (2.5)$$

の形でいくらでも近似できる.カーネル関数は特徴ベクトルの内積,すなわち $k(\boldsymbol{x}_i,\boldsymbol{x})=\boldsymbol{\phi}(\boldsymbol{x}_i)^{\mathrm{T}}\boldsymbol{\phi}(\boldsymbol{x})$ で定義されることを思い出すと,f は

$$f(\boldsymbol{x}) = \sum_i \alpha_i \boldsymbol{\phi}(\boldsymbol{x}_i)^{\mathrm{T}} \boldsymbol{\phi}(\boldsymbol{x}) \qquad (2.6)$$

と書ける.これはパラメータを

$$\boldsymbol{w} = \sum_i \alpha_i \boldsymbol{\phi}(\boldsymbol{x}_i) \qquad (2.7)$$

という形に限定してよいということを意味している. □

この性質はカーネル関数のもつ「再生性」という性質からすっきりと導けるが,これには少々数学的な導入が必要であるため,6章で詳しく述べることにする[*3].

さて,式(2.5)の形は 1.2 節で述べた式(1.9)

$$y = \sum_{j=1}^n \alpha_j k(\boldsymbol{x}^{(j)}, \boldsymbol{x})$$

に似ていることがわかる.ただし,式(1.9)が「与えられたサンプル」点 $\boldsymbol{x}^{(i)}$ でのカーネル関数の線形和であったのに対し,式(2.5)はまだ「十分多くの」点 $\boldsymbol{x}_i$ でのカーネル関数の線形和としか言っていない.サンプル点での線形和の形で書けるためには,さらに条件が必要で,それはある特別な正則化を行な

[*3] 具体的には定理 7 に関連した式(6.29)で導かれる.

うことによって可能となる．そのために重要なのが，次に示すリプレゼンター定理である．

■ リプレゼンター（representer）定理

損失関数に正則化を加えて最適化する問題において，正則化項が $\lambda \|\boldsymbol{w}\|^2$ という形をしていれば，最適解は $\boldsymbol{x}^{(i)}\,(i=1,2,\ldots,n)$ をサンプル点として，

$$f(\boldsymbol{x}) = \sum_{i=1}^{n} \alpha_i k(\boldsymbol{x}^{(i)}, \boldsymbol{x}) \tag{2.8}$$

の形に書ける． □

［証明］ リプレゼンター定理は，この後の章でも頻繁に出てくるので，ここで簡単に証明を与えておこう[*4]．サンプルの特徴ベクトルの線形和を

$$\boldsymbol{w}_0 = \sum_{i=1}^{n} \alpha_i \boldsymbol{\phi}(\boldsymbol{x}^{(i)}) \tag{2.9}$$

とおく．一般の $\boldsymbol{w}$ は，これにすべての $\boldsymbol{\phi}(\boldsymbol{x}^{(i)})$ に直交する $\boldsymbol{\xi}$ という成分を加えた

$$\boldsymbol{w} = \boldsymbol{w}_0 + \boldsymbol{\xi} \tag{2.10}$$

という形に書ける．この $\boldsymbol{w}$ とサンプル $\boldsymbol{x}^{(j)}$ の特徴ベクトル $\boldsymbol{\phi}(\boldsymbol{x}^{(j)})$ との内積は，$\boldsymbol{\phi}(\boldsymbol{x}^{(j)})^{\mathrm{T}} \boldsymbol{\xi} = 0$ より

$$f_w(\boldsymbol{x}^{(j)}) = \boldsymbol{w}^{\mathrm{T}} \boldsymbol{\phi}(\boldsymbol{x}^{(j)}) = \boldsymbol{w}_0^{\mathrm{T}} \boldsymbol{\phi}(\boldsymbol{x}^{(j)}) \tag{2.11}$$

となり $\boldsymbol{\xi}$ には依存しない．したがって，サンプル点だけの関数値 $f_w(\boldsymbol{x}^{(j)})$ で決まる損失関数の値は $\boldsymbol{\xi}$ によらない．一方，正則化項のほうは，$\boldsymbol{w}_0$ と $\boldsymbol{\xi}$ との直交性により，

$$\lambda \|\boldsymbol{w}\|^2 = \lambda(\|\boldsymbol{w}_0\|^2 + \|\boldsymbol{\xi}\|^2) \tag{2.12}$$

となり，$\boldsymbol{\xi} = \boldsymbol{0}$ の場合に最小値を取る．以上から，$\|\boldsymbol{w}\|^2$ を正則化項にもつ場合に，損失関数と正則化項の和を最小とするような解は $\boldsymbol{w} = \boldsymbol{w}_0$ となるので，

[*4] より一般化されたリプレゼンター定理やその再生性を使った証明は 7 章 7.2 節 (a) で扱う．

カーネル関数の定義 $\boldsymbol{\phi}(\boldsymbol{x}^{(i)})^{\mathrm{T}}\boldsymbol{\phi}(\boldsymbol{x})=k(\boldsymbol{x}^{(i)},\boldsymbol{x})$ より式(2.8)を得る．（証明終）

実は1章1.2節(d)の(1.15)で用いた，$\lambda\boldsymbol{\alpha}^{\mathrm{T}}K\boldsymbol{\alpha}$ という正則化項はリプレゼンター定理の正則化項 $\lambda\|\boldsymbol{w}\|^2$ と同じである．なぜなら，$\boldsymbol{w}=\sum_{i=1}^{n}\alpha_i\boldsymbol{\phi}(\boldsymbol{x}^{(i)})$ より，

$$\|\boldsymbol{w}\|^2 = \sum_{i=1}^{n}\sum_{j=1}^{n}\alpha_i\alpha_j\boldsymbol{\phi}(\boldsymbol{x}^{(i)})^{\mathrm{T}}\boldsymbol{\phi}(\boldsymbol{x}^{(j)}) = \boldsymbol{\alpha}^{\mathrm{T}}K\boldsymbol{\alpha} \tag{2.13}$$

となるからである．

さて，これでようやく，カーネル関数を式(2.3)のように定義すると，式(2.2)の特徴ベクトルとパラメータの内積で与えられる関数を $\|\boldsymbol{w}\|^2$ の形の正則化項を使って最適化した結果が，式(1.9)のようにサンプル点におけるカーネル関数の重みつき和で書けることが示された．つまり，式(2.2)のモデルと $\|\boldsymbol{w}\|^2$ の正則化項を使った最適化は式(1.9)のモデルと $\boldsymbol{\alpha}^{\mathrm{T}}K\boldsymbol{\alpha}$ の正則化項を使った最適化と等価である．

カーネル関数による表現を1変数多項式の例について具体的に考えてみよう．式(2.1)で計算される関数は，リプレゼンター定理の条件を満たすように $\boldsymbol{\alpha}^{\mathrm{T}}K\boldsymbol{\alpha}$ の正則化項を取って適当な損失関数(たとえば二乗誤差)を最小化するように最適化すれば，

$$f(x) = \sum_{i=1}^{n}\alpha_i k(x^{(i)},x) = \sum_{i=1}^{n}\alpha_i\sum_{m=1}^{d}(x^{(i)})^m x^m \tag{2.14}$$

のようにサンプル点 $x^{(i)}(i=1,\ldots,n)$ を使って表わされる．この式を一見すると式(2.1)よりも逆に複雑になったように見えるかもしれない．実際，$d<n$ のとき，つまりサンプル数が多項式の次数よりも大きいとき，式(2.14)は d 次多項式を表現するのに n 個のパラメータを使っているので冗長な表現になっている．しかしながら，d と n の大小関係が逆転し，サンプル数よりも大きな次数の多項式をあてはめる場合には式(2.14)のほうが最適化すべきパラメータ数の少ないコンパクトな表現になっている．このことから，カーネル関数を用いた表現は，特徴ベクトルの次元が大きいときにパラメータ数を減らす働きをすることがわかる．

2.2 正定値性からの導入

前節では特徴ベクトルの間の内積としてカーネル関数を定義した．一方，1章では，サンプル間の近さを表わすものとしてカーネル関数を導入した．内積は同じ方向を向いているときに大きな値を取り，直交しているときは0となるので，カーネル関数は特徴量で見たときの x と x' の類似度を表わしていると考えることができる．それでは逆に，x と x' の類似度を表わすような関数 $k(x, x')$ があるときにそれをカーネル関数として使うことはできないだろうか[*5]．

その答えは基本的にイエスであるが，ただし条件がある．類似度をカーネルと結びつけるための鍵となるのは**正定値性**という性質である．ある関数 $k(x, x')$ が正定値であるとは，任意の n 個の点 $x_1, \ldots, x_n$ から計算される行列

$$K = \begin{pmatrix} k(x_1, x_1) & k(x_2, x_1) & \ldots & k(x_n, x_1) \\ k(x_1, x_2) & k(x_2, x_2) & \ldots & k(x_n, x_2) \\ \vdots & \vdots & \ddots & \vdots \\ k(x_1, x_n) & k(x_2, x_n) & \ldots & k(x_n, x_n) \end{pmatrix} \quad (2.15)$$

を考えたとき(この行列を**グラム行列**(Gram matrix)という)，その2次形式が常に非負，すなわち

$$\sum_{i=1}^{n} \sum_{j=1}^{n} \alpha_i \alpha_j K_{ij} \geq 0 \quad (2.16)$$

が任意の n 次元ベクトル $\boldsymbol{\alpha} = (\alpha_1, \ldots, \alpha_n)^\mathrm{T}$ について成り立つことである[*6]．

以下の性質は，カーネル関数を正定値性という観点から定義することができ

[*5] 類似度が関数ではなく，サンプルのペアごとに求められる場合については3章3.1節(c)で触れる．また，類似度と対となる概念として距離というのも考えられるが，それについては3.2節(c)で考察する．

[*6] 正しくは，これは半正定値性の定義であるが，ここではその微妙な違いは無視して厳密な定義は6章6.2節(a)で与える．

ることを示している[*7].

■ **カーネルと正定値性**

特徴ベクトルの内積として定義したカーネル関数は正定値である．一方，$\mathcal{X} \times \mathcal{X}$ 上の任意の正定値関数 $k(\boldsymbol{x}, \boldsymbol{x}')$ が対称なら（$k(\boldsymbol{x}, \boldsymbol{x}')=k(\boldsymbol{x}', \boldsymbol{x})$），それはなんらかの特徴ベクトルの間の内積とみなせる． □

これまではカーネル関数を計算するのに，まず特徴ベクトルを計算し，その内積（成分の積和）を計算する必要があった．ところが，あらかじめ正定値性を満たすことがわかっている関数をもってくれば，内積計算が不要となる．しかも，以下で例を挙げるように，無限次元の特徴ベクトルの内積が，簡単な関数になる場合もある．このように，正定値性をカーネル関数の定義とすれば，計算量をぐっと減らすことができる．これはまさに逆転の発想であり「カーネルトリック」と呼ばれている．

具体例として，1章1.2節の式(1.8)で使った

$$k(\boldsymbol{x}, \boldsymbol{x}') = \exp\left(-\beta \|\boldsymbol{x} - \boldsymbol{x}'\|^2\right) \tag{2.17}$$

を考えよう．(2.17)自体は確率分布ではないが，数式の形は正規分布の密度関数と同じ形をしている．正規分布のことをガウス分布ともいうので，(2.17)をガウスカーネルと呼ぶことがある．ガウスカーネルは特徴ベクトルの間の内積としても表現できるし，正定値性も満たす．さらに，特徴ベクトルは無限次元になっている．

［カーネルトリックの例］　ここでは簡単のため1次元のガウスカーネルの場合に，カーネルと正定値性の等価性が成り立つことを示しておこう[*8]．まず，1次元の x があったとき，それに以下のように「関数」

$$\boldsymbol{\phi}(x) = \{a \exp\left(-\beta'(z-x)^2\right) \mid z \in \mathbb{R}\} \tag{2.18}$$

を特徴ベクトルとして対応させる．関数をベクトルとみなすことは慣れないと少し難しいかもしれないが，今まで有限次元の $\phi_1(x), \phi_2(x), \ldots, \phi_d(x)$ を特徴

[*7] この性質のより厳密な取り扱いは6章6.2節(a)の定理7で行なう．
[*8] 詳細については6章の議論を参照のこと．

ベクトルと考えていたのが，z という実数の添え字をもつ

$$\phi_z(x) = a \exp\left(-\beta'(z-x)^2\right) \tag{2.19}$$

を成分とする無限次元の特徴ベクトルになったと思えばよい．

有限次元をそのまま無限次元に拡張して考えると，積和だった内積は

$$k(x, x') = \int_{-\infty}^{\infty} \phi_z(x)\phi_z(x') dz \tag{2.20}$$

という積分の形になる．これに式(2.19)を入れて計算すると，

$$\begin{aligned} k(x, x') &= a^2 \int_{-\infty}^{\infty} \exp\left(-\beta'(z-x)^2 - \beta'(z-x')^2\right) dz \\ &= a^2 \sqrt{\frac{\pi}{2\beta'}} \exp(-\frac{\beta'}{2}(x-x')^2) \end{aligned} \tag{2.21}$$

ここで，

$$a = \left(\frac{2\beta'}{\pi}\right)^{1/4}, \qquad \beta' = 2\beta \tag{2.22}$$

とすると，$k(x, x')$ は式(2.17)に一致する．

次にガウスカーネルが正定値性を満たすことを示そう．式(2.16)の2次形式に $x_1, x_2, \ldots, x_n$ のカーネル関数を代入して計算すると，

$$\begin{aligned} & \sum_{i=1}^{n} \sum_{j=1}^{n} \alpha_i \alpha_j \exp\left(-\beta(x_i-x_j)^2\right) \\ &= \sum_{i=1}^{n} \sum_{j=1}^{n} \left\{\alpha_i \exp(-\beta x_i^2)\right\} \left\{\alpha_j \exp(-\beta x_j^2)\right\} \exp(2\beta x_i x_j) \end{aligned} \tag{2.23}$$

と変形でき，$\exp(z)$ のテーラー展開 $\exp(z)=\sum_{l=0}^{\infty} z^l/l!$ を使うと右辺は

$$\begin{aligned} & \sum_{i=1}^{n} \sum_{j=1}^{n} \sum_{l=0}^{\infty} \left\{\alpha_i \exp(-\beta x_i^2)\right\} \left\{\alpha_j \exp(-\beta x_j^2)\right\} \frac{(2\beta)^l x_i{}^l x_j{}^l}{l!} \\ &= \sum_{l=0}^{\infty} \frac{(2\beta)^l}{l!} \left\{\sum_{i=1}^{n} \alpha_i \exp(-\beta x_i^2) x_i{}^l\right\}^2 \\ &\geq 0 \end{aligned} \tag{2.24}$$

となり正定値性が言える．(例終)

実数ベクトルに対してガウスカーネルと同様によく使われるカーネルに，多項式カーネル(の一種である)

$$k(\boldsymbol{x}, \boldsymbol{x}') = (\boldsymbol{x}^{\mathrm{T}}\boldsymbol{x}' + c)^p \tag{2.25}$$

がある(p は自然数，$c \geq 0$)．これは $\boldsymbol{x}$ と $\boldsymbol{x}'$ の内積が主な計算だから，$\boldsymbol{x}$ の次元 d のオーダーの計算量だけで済む．一方，この式を

$$k(\boldsymbol{x}, \boldsymbol{x}') = \sum_{m=0}^{p} \binom{p}{m} \left\{ \sum_{l=1}^{d} (x_l x'_l) \right\}^m c^{p-m} \tag{2.26}$$

と展開してみると，d^p オーダーの独立な項の和として書けることがわかる[*9]．この項のそれぞれが特徴ベクトルの空間の成分どうしの積になるので，特徴ベクトルを計算してからその内積を計算しようとすると d^m オーダーの計算量が必要となる．

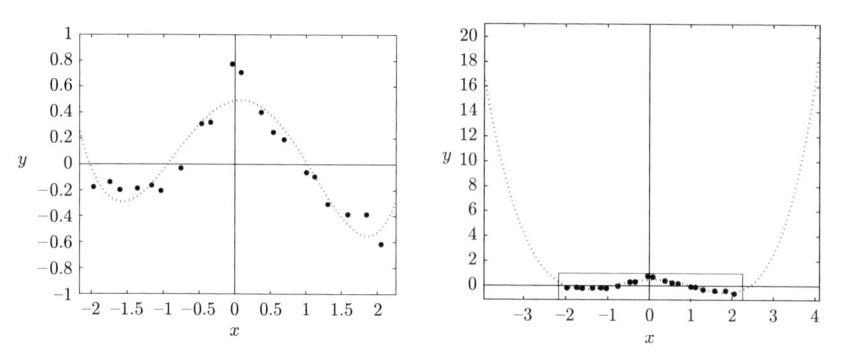

図 2.2 多項式カーネル関数を使った近似($\lambda=0.01$, $p=5$)．多項式カーネルでは一般にサンプル点の外側の領域では急速に関数値が発散していく．右側の図は，サンプル領域の外側まで広げて関数をプロットしたものである．右側の図の矩形部分が左側の図に相当する．

多項式カーネルを使って，1 章の例で使ったデータに対するあてはめ結果を図 2.2 に示す．左側の図を見る限りではガウスカーネルを使った場合も多項式

[*9] この式をさらに展開すれば，$\boldsymbol{x}$ と $\boldsymbol{x}'$ の単項式の積和の形になるので正定値であることはわかるが，5 章 5.1 節(b)でより単純に正定値であることを示す．また，より一般の多項式カーネルの形については 5.4 節(b)で議論する．

カーネルを使った場合も大差ないように見える．ただし，サンプル領域の外側まで広げて考えてみると(右側の図)，ガウスカーネルの場合は $f(\boldsymbol{x})=0$ に近づいていくのに対して，多項式カーネルの場合は無限に発散するなど，それぞれ異なった特徴をもっている．

◆ ニューラルネットワークモデルとカーネル関数 ◆

実数値ベクトルに対しては，シグモイドカーネルと呼ばれる

$$k(\boldsymbol{x}, \boldsymbol{x}') = \frac{1}{1+\exp(-\beta\boldsymbol{x}\cdot\boldsymbol{x}')} \quad (2.27)$$

もよく用いられるのだが，実はこの関数は正定値ではないので厳密な意味では本書で言うカーネル関数とはならない．シグモイド関数は，ニューラルネットワークモデルと呼ばれる非線形モデルと関連している．このモデルの神経細胞は，他の神経細胞からの出力 $\boldsymbol{x}$ を $\boldsymbol{x}'$ という重みで受け取り，入力値の合計がある値以下の間は出力を出さないが，その値を超えると強いパルスを出力するという性質がある．これを数学的に単純化してモデル化したのがシグモイド関数である．ニューラルネットワーク自身は複雑な非線形モデルであり，パラメータの学習が難しい．そこで，シグモイドカーネルを正定値関数とみなしてカーネル法でパラメータを効率的に求めてやれば，近似的な最適解を得ることができる．

また，ニューラルネットワークモデルでシグモイド関数の代わりにガウスカーネルを使った RBF(radial basis function; 動径基底関数)と呼ばれるモデルも用いられている．そこで，ガウスカーネルのことを RBF カーネルと呼ぶこともある．

シグモイドカーネルは正定値ではないので，もはや特徴ベクトルとパラメータの内積として解釈することができなくなる．ただし，関数近似などではガウスカーネルよりも高い近似精度をもつ場合もあることが知られている．

2.3 確率モデルからの導入

多変量解析の目的は,与えられたデータに基づいて,背後にある構造を推論することにある.ただし,関数近似の例で見たように,データにはノイズがのっていたり,関数のうちの有限個の点でしか関数値が与えられないなど,不確実な要素が多い.このようなときに有効なのは,データの生成過程を確率分布を用いてモデル化することである.以下ではカーネル関数を確率モデルとしてみなすことができることを示そう.この節は少し難しい内容も含むので,いったん読み飛ばして必要に応じて戻ってきてもよい.

(a) 線形モデルのベイズ推論

まずカーネルについて述べる前に,出発点として,1章で扱った線形モデル $y=\boldsymbol{w}^\mathrm{T}\boldsymbol{x}$ (式(1.1))による関数近似の確率モデルを考える.

与えられる出力 y は関数値 $f(\boldsymbol{x})=\boldsymbol{w}^\mathrm{T}\boldsymbol{x}$ そのものではなく,ランダムノイズ ε がのった

$$y = f(\boldsymbol{x})+\varepsilon \tag{2.28}$$

が出力として与えられる.これによって確率モデルが導入できる.ここで,ε が独立な正規分布であるとすると[*10],$\boldsymbol{x}, f$ が与えられたもとでの y の条件付き確率密度は,正規分布の分散を σ^2 として,

$$p(y \mid \boldsymbol{x}; f) = \frac{1}{\sqrt{2\pi\sigma^2}} \exp\left(-\frac{(y-f(\boldsymbol{x}))^2}{2\sigma^2}\right) \tag{2.29}$$

と書ける.

さて,ここで関数 f にも確率モデルを考えよう.線形モデル $f(\boldsymbol{x})=\boldsymbol{w}^\mathrm{T}\boldsymbol{x}$ ではパラメータ $\boldsymbol{w}$ を決めることと f を決めることは等価である.そこで,$\boldsymbol{w}$ の各成分が独立に平均 0 で分散が $1/\lambda$ であるような正規分布から生成されたとする.すなわち,$\boldsymbol{w}$ の分布を

[*10] 正規分布は誤差分布と呼ばれるように誤差をモデル化する典型的な確率分布である.

2.3 確率モデルからの導入 ◆ 31

$$p(\boldsymbol{w}) = \left(\frac{\lambda}{2\pi}\right)^{d/2} \exp\left(-\frac{\lambda}{2}\|\boldsymbol{w}\|^2\right) \qquad (2.30)$$

とする．

サンプルは以下のような過程で生成されるものと仮定する．まず，$p(\boldsymbol{w})$ に従ってパラメータ $\boldsymbol{w}$ がランダムに決められる．その $\boldsymbol{w}$ で決まる関数 $f(\boldsymbol{x})$ を n 個の点 $\boldsymbol{x}^{(1)},\ldots,\boldsymbol{x}^{(n)}$ で計算し，$p(y|\boldsymbol{x};f)$ の分布に従ってノイズがのってサンプル出力 $y^{(1)}, y^{(2)}, \ldots, y^{(n)}$ が観測される[*11]．すると，パラメータとデータの同時確率分布は

$$p(y^{(1)},\ldots,y^{(n)},\boldsymbol{w}) = p(\boldsymbol{w}) \prod_{j=1}^{n} p(y^{(j)} \mid \boldsymbol{x}^{(j)}; f) \qquad (2.31)$$

と書ける[*12]．このように，データやパラメータの生成過程を確率分布で表わしたものを生成モデルと呼ぶ．

生成モデルでは関数のパラメータが先に決まって，それからサンプルが決められた．だが，サンプルから関数を推定したいときには，それを逆向きにたどる必要がある．それをするのがベイズ(Bayes)の公式であり，一般に確率変数 A, B があるとき，

$$p(A|B) = \frac{p(B|A)p(A)}{p(B)} \qquad (2.32)$$

と表わされる．これは A から B が生成される生成モデルがあるときに，逆に B を観測した上で A を推論するための方法を与える．この確率は B を観測した事後における A の分布だから事後分布と呼ばれ，これを最も大きくするような A の値を見つけるのは MAP 推定[*13]と呼ばれる手法である．右辺の分母は A の値には依存しないので，MAP 推定の場合には右辺の分子を最大にすることだけを考えればよい．

線形モデルの場合に戻って考えると，パラメータ $\boldsymbol{w}$ が A，出力値 $y^{(1)},\ldots,$ $y^{(n)}$ が B に相当する．するとベイズの公式の右辺の分子は式(2.31)そのもの

[*11] 入力 $\boldsymbol{x}$ に関しても，それを生成する確率分布を考えることはできるが，ここではその後の推論に影響しないので $\boldsymbol{x}^{(1)}, \boldsymbol{x}^{(2)}, \ldots, \boldsymbol{x}^{(n)}$ は固定されたものとして説明する．
[*12] $\boldsymbol{x}^{(i)}$ を確率変数だとみなせば，左辺は $p(y^{(1)},\ldots,y^{(n)},\boldsymbol{w}|\boldsymbol{x}^{(1)},\ldots,\boldsymbol{x}^{(n)})$ と書くべきだが，今は定数なので省略した．
[*13] 最大事後確率推定(MAP=Maximum a posteriori)

になるから，(積を和の形で表わすために)その対数を取ると，

$$\sum_{i=1}^{n} \log p(y^{(i)} \mid \boldsymbol{x}^{(i)}; f) + \log p(\boldsymbol{w})$$
$$= -\frac{1}{2\sigma^2} \sum_{i=1}^{n} (y^{(i)} - f(\boldsymbol{x}^{(i)}))^2 - \frac{\lambda}{2} \|\boldsymbol{w}\|^2 + 定数 \qquad (2.33)$$

となる．この式の右辺をよく見ると，第1項は二乗誤差にマイナスをつけたものであり，第2項は正則化項に対応している．したがって，MAP推定は，線形モデルで正則化付きの二乗誤差を最小にすることと等価になっていることがわかる．

(b) 正規過程からカーネルへ

この議論をより発展させるとカーネル関数の新しい定義が得られる．そのために，$\boldsymbol{w}$ でなく，「関数 $f(\boldsymbol{x})$ が正規分布(に相当するもの)に従う」と考える．

$f(\boldsymbol{x})$ が正規分布をするとはどういうことだろうか．それは，任意の個数 n 個の入力値 $\boldsymbol{x}^{(1)}, \boldsymbol{x}^{(2)}, \ldots, \boldsymbol{x}^{(n)}$ に対して，$f(\boldsymbol{x}^{(1)}), f(\boldsymbol{x}^{(2)}), \ldots, f(\boldsymbol{x}^{(n)})$ が平均 $\boldsymbol{0}$，分散共分散行列 $V = (V_{ij})_{i,j=1,\cdots,n}$ をもつ多次元正規分布 $N[\boldsymbol{0}, V]$ に従うこととする．つまり，$f(\boldsymbol{x}^{(i)})$ は正規確率変数で，$f(\boldsymbol{x}^{(i)})$ と $f(\boldsymbol{x}^{(j)})$ の共分散が

$$V_{ij} = \mathrm{E}_{f(\boldsymbol{x}^{(i)}), f(\boldsymbol{x}^{(j)})}[f(\boldsymbol{x}^{(i)}) f(\boldsymbol{x}^{(j)})] \qquad (2.34)$$

となっているとする．ここで $\mathrm{E}_x[\ ]$ は確率変数 x に関する期待値を表わす．この確率過程を $\mathcal{X}$ 上の**正規過程**(GP=Gaussian Process)と呼ぶ[*14]．

さて，V_{ij} は $\boldsymbol{x}^{(i)}$ と $\boldsymbol{x}^{(j)}$ で決まるから，関数 $k(\boldsymbol{x}^{(i)}, \boldsymbol{x}^{(j)})$ とみなすことができ，V_{ij} を並べた行列はこの関数 k に対するグラム行列と考えられる．分散共分散行列は常に正定値だから，グラム行列は常に正定値である．これは，関数 k が正定値であることを意味しており，カーネル関数として解釈できる

[*14] 確率過程というと時間 $t \in \mathbb{R}$ をパラメータとして，$f(t_1), f(t_2), \ldots, f(t_n)$ という時系列が代表的なものであるが，確率過程は必ずしも1次元上に限定されるわけではなく，任意の集合 $\mathcal{X}$ の上で考えてよい．このような確率過程の数学的に厳密な取り扱いは多くの準備を必要とするため本書では直観的な説明にとどめる．また，正規過程については7章7.2節(c)も参照のこと．

ことになる.

以上の議論をまとめると以下のようになる.

■ 正規過程とカーネルの等価性

　カーネル関数kは，そのグラム行列を分散共分散行列とみなすことによって，正規過程と等価となる. □

　カーネル関数については，今まで「特徴抽出に基づく定義」，「正定値性に基づく定義」を紹介してきたが，ここで新たに「正規過程に基づく定義」という新たな顔が登場したことになる.このようにたくさんの定義が存在するのもカーネル関数の特徴であるが，最初は少しとまどうかもしれない.6章で，それぞれの定義(新たな定義も登場するが)の間の関係を体系的にまとめる.

　さて，以上の確率的な枠組みで，サンプルが与えられたときの関数の推定を線形モデルと同じように MAP 推定で考えよう.線形モデルの場合と違うのは，パラメータ $\boldsymbol{w}$ の分布を求めるのではなく，関数 $f(\boldsymbol{x})$ の分布を求める必要があるという点である.そこで，任意の入力点 $\boldsymbol{x}^{\mathrm{new}}$ を固定し，その点での関数値 $f(\boldsymbol{x}^{\mathrm{new}})$ の値の分布を調べよう.

　サンプル点の f に $f(\boldsymbol{x}^{\mathrm{new}})$ を加えた $n+1$ 個の関数値の事前分布は正規過程でモデル化できる.サンプルに対するグラム行列を $K=(K_{ij})_{i,j=1,\cdots,n}$ とおくと，

$$p(f(\boldsymbol{x}^{(1)}), f(\boldsymbol{x}^{(2)}), \ldots, f(\boldsymbol{x}^{(n)}), f(\boldsymbol{x}^{\mathrm{new}})) \tag{2.35}$$

は平均 **0** の正規分布で，その分散共分散行列は，サンプル $\boldsymbol{x}^{(i)}$ と $\boldsymbol{x}^{(j)}$ に関する成分が K_{ij} で，サンプル $\boldsymbol{x}^{(i)}$ と $\boldsymbol{x}^{\mathrm{new}}$ に関する成分は $k(\boldsymbol{x}^{(i)}, \boldsymbol{x}^{\mathrm{new}})$ で与えられる.

　一方，$f(\boldsymbol{x})$ を固定したもとでの y の分布は線形モデルの場合と同じく式 (2.29) となる.したがって，線形モデルの式 (2.31) に相当する関数値とデータの同時分布は

$$p(y^{(1)},\dots,y^{(n)},f(\boldsymbol{x}^{(1)}),\dots,f(\boldsymbol{x}^{(n)}),f(\boldsymbol{x}^{\text{new}}))$$
$$= p(f(\boldsymbol{x}^{(1)}),f(\boldsymbol{x}^{(2)}),\dots,f(\boldsymbol{x}^{(n)}),f(\boldsymbol{x}^{\text{new}}))\prod_{i=1}^{n}p(y^{(i)}\mid \boldsymbol{x}^{(i)};f) \quad (2.36)$$

と書ける．ここに出てくる分布はすべて正規分布だから，サンプルが与えられたもとでの $f(\boldsymbol{x}^{\text{new}})$ の事後分布もやはり正規分布となり，その平均は

$$\mathrm{E}_{f(\boldsymbol{x}^{\text{new}})}[f(\boldsymbol{x}^{\text{new}})\mid \mathcal{D}]$$
$$= \sum_{i=1}^{n}\{(K+\sigma^2 I_n)^{-1}\boldsymbol{y}\}_i k(\boldsymbol{x}^{(i)},\boldsymbol{x}^{\text{new}}) \quad (2.37)$$

となる．ただし，与えられたサンプルをまとめて $\mathcal{D}$ と書いた．また，$\{\ \}_i$ はかっこの中のベクトルの第 i 成分を表わす．事後分布が正規分布なら，MAP推定はその平均に一致する．実は上の式は，関数近似の場合の式 (1.17) の $\boldsymbol{\alpha}$ を $f(\boldsymbol{x})=\sum_{i}\alpha_i k(\boldsymbol{x}^{(i)},\boldsymbol{x})$ に代入したものになっている（ノイズの分散 σ^2 が正則化パラメータ λ に対応する）．したがって，カーネル関数の重みつき和のモデルを正則化付きで求めた関数近似の結果が，そのカーネル関数と等価な正規過程を事前分布として用いた場合の MAP 推定の結果と一致することがわかる．

2.4 汎化能力の評価とモデル選択

1章1.2節(c)の最後でも少し触れたように，データ解析においては，汎化能力の高いあてはめを行なうことが重要であり，サンプルにフィットするだけではなく，背後にある構造を正しく抽出することが求められる．特にカーネル法では，サンプル数と同じだけの自由度があるため，そのままではサンプルに過度にフィットする過学習を起こしてしまう．これを避けるためにはモデルの形があまり複雑になりすぎないようにすることが必要である．このように，汎化能力を高めるためにモデルの複雑度を調整することをモデル選択といい，機械学習や統計学の最重要なテーマの一つである．

関数近似の例で用いた正則化はモデル選択をするための一つの道具であり，

正則化パラメータを変化させることによって複雑なモデルから単純なモデルまで複雑度を調節することができる.

さて,モデル選択をするために必要なのは汎化能力を評価することだが,汎化能力は背後の構造に依存するものなので,それを正確に評価することは難しい.カーネル法の汎化能力に関する理論的な話は7章で詳しく述べるが,ここでは,汎化能力をサンプルに基づいて簡便かつ実用的に評価する方法としてクロスバリデーション(CV=Cross validation; 交差確認法)という手法を説明する.特に例で考えたような線形回帰やカーネル回帰の問題ではクロスバリデーションが非常に少ない計算量で実行できることを示す.

(a) クロスバリデーション

汎化能力は学習に使ったサンプル以外のデータに対する性能だから,サンプルを学習用とテスト用に分け,はじめに学習用のサンプルで学習した後,残しておいたテスト用のサンプルで性能評価を行なうという方法が考えられる.

この方法の問題点は,テストデータを残しすぎると学習データが少なくて学習に十分な性能が出せず,一方,テストデータが少なすぎると評価結果が不安定になってしまうというトレードオフがあることである.

その短所を補うために,学習用サンプルとテスト用サンプルの分け方をいろいろ変えて得たテスト誤差を平均するという方法がクロスバリデーションであり,以下のような手続きとしてまとめられる.

k-fold クロスバリデーション法(k-fold CV)
[1] まず,サンプルを k 個のグループに分ける.
[2] $i=1,\cdots,k$ に対し以下を繰り返す.
 (i) i 番目のグループを除いたデータで学習を行なう.
 (ii) i 番目のグループでテスト誤差を評価し r_i とおく.
[3] $\sum_{i=1}^{k} r_i/k$ をテスト誤差の推定値(クロスバリデーション誤差)とする.

k-fold クロスバリデーション法は,一般には k 回の学習を必要とするため計算量がかかるのだが,線形の場合には以下で示すように全サンプルを用いた1回の学習結果だけを使ってクロスバリデーション誤差を計算できてしまう.

(b) 線形モデルの leave-one-out クロスバリデーション

サンプルが n 個あるとき，n-fold クロスバリデーションは一つだけのサンプルをテストデータとして除いておく方法なので，特に leave-one-out クロスバリデーション（1 個抜き CV）と呼ばれている．

関数近似で $y=f(\boldsymbol{x})$ という関数を学習したとする．このとき，i 番目のサンプルの入力 $\boldsymbol{x}^{(i)}$ をこの学習した関数に入れると，$\tilde{y}^{(i)}=f(\boldsymbol{x}^{(i)})$ という値が得られる．これは，サンプルの出力 $y^{(i)}$ のノイズ成分を除去した推定値とみなすことができる．

線形回帰やカーネル回帰では，$\tilde{\boldsymbol{y}}=(\tilde{y}^{(1)},\tilde{y}^{(2)},\ldots,\tilde{y}^{(n)})^{\mathrm{T}}$ が $\boldsymbol{y}=(y^{(1)},y^{(2)},\ldots,y^{(n)})^{\mathrm{T}}$ の線形変換で書けることに注意しよう．実際，カーネル回帰の場合，$\tilde{y}^{(j)}=\sum_{i=1}^{n}\alpha_i k(\boldsymbol{x}^{(i)},\boldsymbol{x}^{(j)})$ と式 (1.17) より，

$$\tilde{\boldsymbol{y}} = K\boldsymbol{\alpha} = (K+\lambda I_n)^{-1} K \boldsymbol{y} \tag{2.38}$$

という形をしている．

一般に $\tilde{\boldsymbol{y}}=H\boldsymbol{y}$ という線形関係があるときを考える（H は $\boldsymbol{y}$ によらない行列とする）．カーネル回帰の場合は $H=(K+\lambda I_n)^{-1}K$ である．

このとき leave-one-out クロスバリデーション誤差（CV 誤差）は，学習サンプルとテストサンプルを分ける手続きなしで，サンプル出力 $y^{(i)}$ とノイズ成分を除去した推定値 $\tilde{y}^{(i)}$ の重みつきの誤差平均として

$$\mathrm{CV} = \frac{1}{n}\sum_{i=1}^{n}\left(\frac{y^{(i)}-\tilde{y}^{(i)}}{1-H_{ii}}\right)^2 \tag{2.39}$$

で与えられる．ただし H_{ii} は H の第 i 対角成分である．証明は付録 A.1 節で述べる．

(c) 具 体 例

ここで，ガウスカーネルを使った回帰の例を使って，モデル選択と汎化能力の基本的な考え方を説明しよう．関数の複雑度を制御しているのは正則化パラメータの λ と，ガウスカーネルに含まれるパラメータ β である．

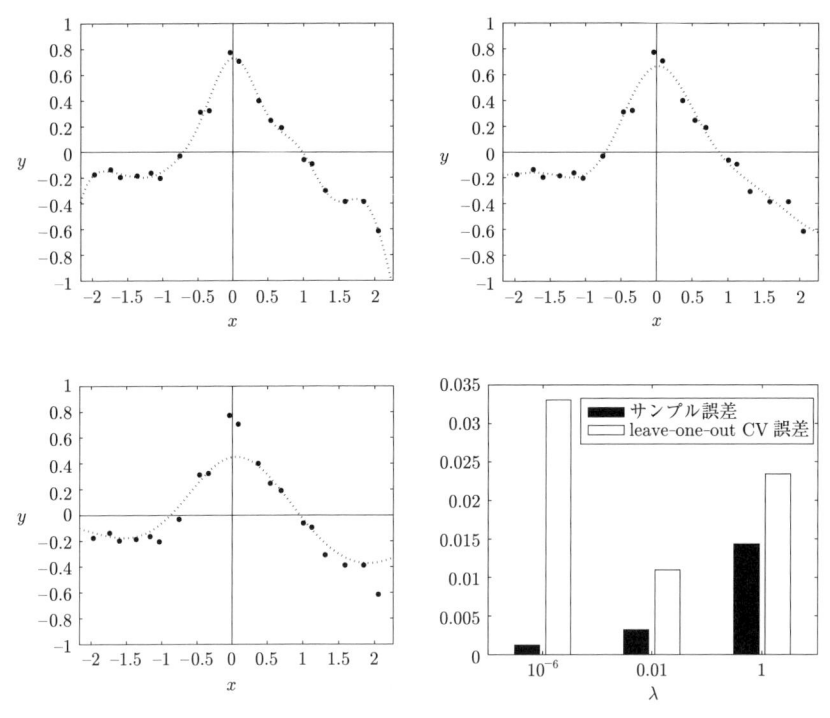

図 **2.3** 正則化パラメータ λ の値を変えた例．左上・右上・左下の順に $\lambda=10^{-6}$, 0.01, 1．右下は，それぞれのプロットのサンプル誤差と leave-one-out CV 誤差．

まず，$\beta=1$ に固定し，λ の方を変化させた例を図 2.3 に示す．4 つあるうち右上の図は，1 章 (1.2 節 (d)) で行なった $\lambda=0.01$ に取った場合の結果である．左上の図は λ の値を 10^{-6} まで小さくしたものでサンプルへのあてはめがよくなっている．左下の図は逆に λ を 1 にまで大きくしたもので，この場合は関数をなめらかにする効果が強すぎて，サンプルからの隔たりが大きくなっている．これらのあてはめのサンプルに対する誤差と leave-one-out CV 誤差を評価したのが右下の棒グラフである．$\lambda=10^{-6}$ では，サンプル誤差は非常に小さくなるが，逆に汎化誤差の評価値である leave-one-out CV 誤差は $\lambda=0.01$ の場合よりも大きくなってしまう．一方，$\lambda=1$ の場合にはサンプル誤差そのものが大きくなり，それに従って leave-one-out CV 誤差の値も大きくなってい

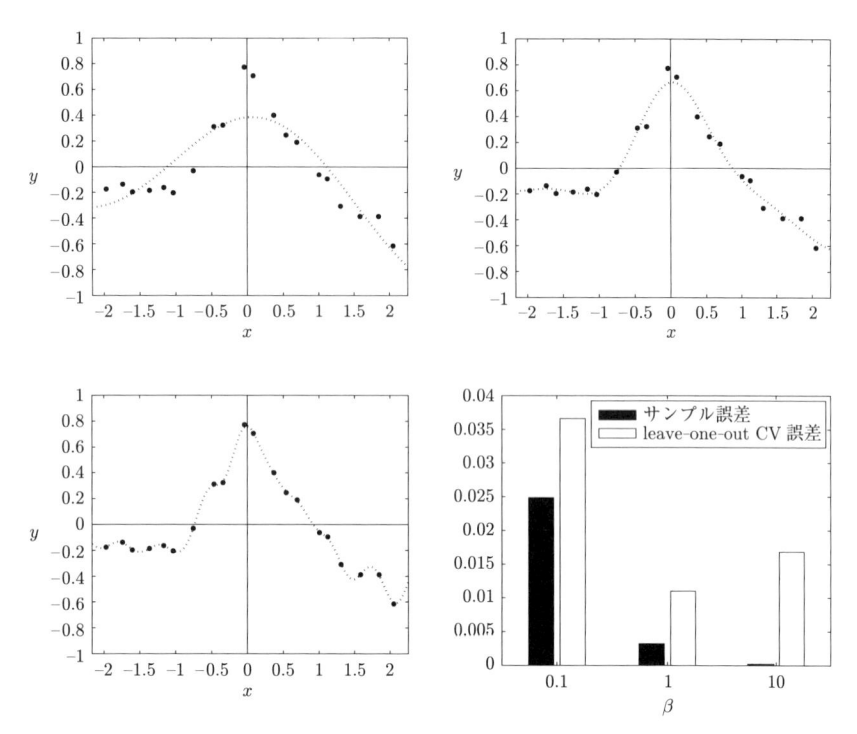

図 2.4 ガウスカーネルのパラメータ β の値を変えた例.
左上・右上・左下の順に $\beta=0.1$, 1, 10. 右下は,それぞれ
のプロットのサンプル誤差と leave-one-out CV 誤差.

ることがわかる.

次に $\lambda=0.01$ に固定したまま β を変化させたときの様子を,図 2.4 に示す.図の右上は同様に,図 1.4 の例と同じく $\beta=1$ の場合である.左上は $\beta=0.1$, つまり分散の大きな幅の広いガウスカーネルをあてはめた場合でなめらかさが増している.左下は $\beta=10$, つまり分散が小さく細く尖った形のガウスカーネルをあてはめた場合で,関数が多少ゴツゴツした感じになる.それぞれのサンプル誤差と leave-one-out CV 誤差の棒グラフが右下で,β を増やすとサンプル誤差は減るが逆に大きくしすぎると leave-one-out CV 誤差は増えてしまう.

このように,ちょうど β を増やすのと λ を減らすのとが同じような振る舞

いを示すことがわかる．また，leave-one-out CV 誤差は汎化能力を評価する一つの尺度と考えることができるので，これを使ってモデル選択を行なうことができる．具体的には，いくつかの β と λ に対して leave-one-out CV 誤差を計算し，そのうち最も小さな値となるような β と λ を選べばよい．

3

固有値問題を用いた
カーネル多変量解析

1章で述べたように，関数の推定(回帰)の問題は逆行列計算によって解くことができた．本章では，それよりも一段難しい固有値問題を解くことによる多変量解析法について考察する．一般に，「データの情報を縮約する」という問題の多くは固有値問題として定式化できる．これにより，最小二乗法では扱うのが難しい情報圧縮の問題に一歩踏み込むことができる．また，伝統的な線形多変量解析の多くは，この固有値問題のカテゴリに属している．カーネル多変量解析は，その自然な拡張になっているので，線形多変量解析の計算パッケージなどをそのまま利用できる場合も多い．

3.1 カーネル主成分分析

高次元空間のデータを縮約する方法には，低次元空間に射影するか，いくつかの離散点で代表させるかの2種類がある．前者の代表的な多変量解析手法が主成分分析(PCA=Principal Component Analysis)であり，データの低次元構造を抽出(次元圧縮・次元削減という)することができる．本節ではこれをカーネル法の枠組みに拡張する．

(a) 低次元構造の抽出と情報量

データを縮約する際に考えることは，もとのデータから必要な情報だけを取り出すということであるが，主成分分析では「(何か特定の目的に)必要な」ということには何も関知しないので，とにかくもとのデータの情報量をできるだけ保つような低次元構造を抽出する．そのために，以下の二つの等価な規準の最適化を行なう．

(1) 低次元に射影したときに，ばらつき(分散)ができるだけ大きくなるようにする．

(2) 縮約したデータをもとのデータの近似とみなしたとき，その近似誤差(二乗誤差)ができるだけ小さくなるようにする．

分散を考える理由は，データが正規分布に従うとすると，正規分布がもつ情報の量は分散で測ることができるからである．実際，1次元の正規分布(分散 σ^2，平均 μ)

$$p(x;\mu,\sigma^2) = \exp\left(-\frac{(x-\mu)^2}{2\sigma^2} - \frac{1}{2}\ln(2\pi\sigma^2)\right) \quad (3.1)$$

の情報量を，情報理論で用いられるエントロピーとして計算すると，

$$-\int_{-\infty}^{\infty} p(x)\ln p(x)dx = \frac{1}{2} + \frac{1}{2}\ln(2\pi\sigma^2) = \frac{1}{2}\ln\sigma^2 + 定数 \quad (3.2)$$

となる．すなわち，分散が大きいことは情報量の大きいことと等価になる[*1]．

[*1] ここで一つ注意しておくと，分散が大きくなるからといって，たとえばデータに大きな定数を掛けて情報量を大きくしても意味がない．肝心なのはもとのデータのもつ情報が保たれているかど

(b) カーネル主成分分析と固有値問題

通常の主成分分析は，データを直接線形変換して分散ができるだけ大きくなるような射影を求める．そのため，基本的には高次元空間中の直線や平面といった線形の部分構造しか取り出すことができない．

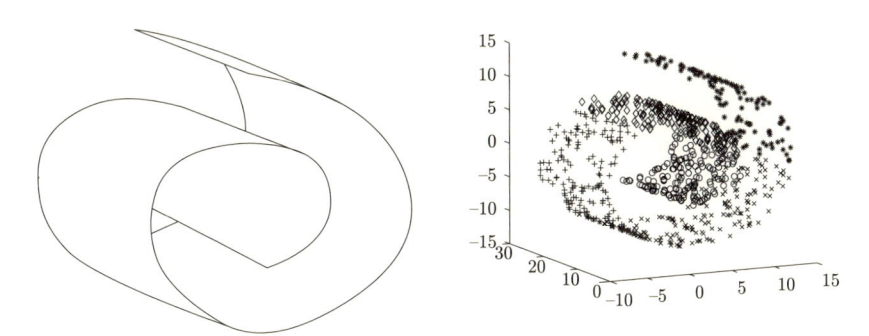

図 3.1 高次元に埋め込まれた低次元構造の例．左側：通称スイスロールと呼ばれる 3 次元中の 2 次元構造．右側：スイスロール上に発生させたランダムなデータにノイズを加えたサンプルのプロット図．外側から内側に向かって帯状にグループ化して以下のような順番で記号をつけた：∗→×→+→◇→○．

さて，図 3.1 に挙げたような例を考えよう．平面をロール状に丸めた構造が空間内に埋め込まれている．このような場合でも，適切な特徴抽出により十分高い次元に移してやれば線形の構造としてとらえることができる．簡単な場合で考える．$\boldsymbol{x}=(x_1, x_2)^{\mathrm{T}}$ という 2 次元の変数で作られる

$$a_1 x_1 + a_2 x_2^2 + a_3 x_2 + a_4 = 0 \tag{3.3}$$

という式は放物線を表わしており，非線形な曲線であるが，

$$\phi_1(\boldsymbol{x}) = x_1, \quad \phi_2(\boldsymbol{x}) = x_2^2, \quad \phi_3(\boldsymbol{x}) = x_2 \tag{3.4}$$

うかということであり，これは変換されたデータともとのデータとの相互情報量で測ることができる．正規分布の場合に線形の射影を考える場合には，分散を最大にする射影がやはりもとのデータの情報を最大に保つことが言える．

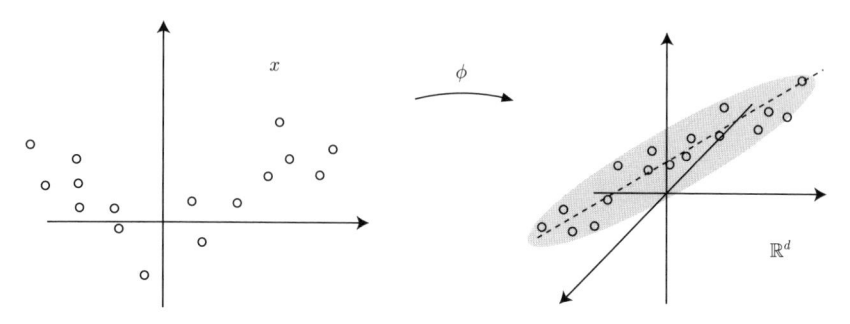

図 3.2 カーネル主成分分析の概念図．特徴抽出をした空間で分散が最大となる線形の部分空間を求める．

という変換を考えると，

$$a_1\phi_1(\boldsymbol{x})+a_2\phi_2(\boldsymbol{x})+a_3\phi_3(\boldsymbol{x})+a_4=0 \tag{3.5}$$

は ϕ_1,ϕ_2,ϕ_3 の作る 3 次元空間で見れば平面の方程式である．この平面を取り出すにはたとえば通常の主成分分析を使えばよい．このように，高次元の特徴ベクトルに変換してから，通常の主成分分析を行なって，低次元の線形部分空間を求めるというのが「カーネル主成分分析」である(図 3.2)[66]．

(1) 平均 0 の場合

まず，特徴ベクトル $\boldsymbol{\phi}(\boldsymbol{x})$ を 1 次元の直線上に(直交)射影し，

$$f(\boldsymbol{x})=\boldsymbol{w}^\mathrm{T}\boldsymbol{\phi}(\boldsymbol{x}) \tag{3.6}$$

という関数を考える．ただし $\boldsymbol{w}$ は単位ベクトルであり，

$$\|\boldsymbol{w}\|^2=1 \tag{3.7}$$

を満たす．簡単のため $\boldsymbol{\phi}(\boldsymbol{x})$ のサンプル平均は 0 であるとしよう．すなわち，

$$\mathrm{E}_n[\boldsymbol{\phi}(\boldsymbol{x})]=\frac{1}{n}\sum_{i=1}^n\boldsymbol{\phi}(\boldsymbol{x}^{(i)})=0 \tag{3.8}$$

とする．ここで，サンプル平均を E_n と表わした．このとき，射影した点のサンプル分散を $\mathrm{Var}_n[f(\boldsymbol{x})]$ と書くと，

$$\mathrm{Var}_n[f(\boldsymbol{x})] = \frac{1}{n}\sum_{i=1}^n(\boldsymbol{w}^\mathrm{T}\boldsymbol{\phi}(\boldsymbol{x}^{(i)}))^2 \tag{3.9}$$

となるので[*2]，これを式(3.7)の制約下で最大化するという問題を解けばよい．

制約付きの最適化問題を解くには，ラグランジュ（**Lagrange**）の未定乗数法というテクニックが使える[*3]．すなわち，最適化したい目的関数の後ろに制約条件を加えた

$$L(\boldsymbol{w}) = -\mathrm{Var}_n[f(\boldsymbol{x})] + \lambda(\|\boldsymbol{w}\|^2 - 1) \tag{3.10}$$

の極値問題を解けばよい（最小化問題として書くために分散にはマイナスをつけておいた）．ここで，λ はラグランジュの未定乗数と呼ばれ，制約を満たすように決められる．これまで述べてきた正則化パラメータ λ が事前に決めておく定数だったのとは少し意味が異なる．さて，$L(\boldsymbol{w})$ を $\boldsymbol{w}$ で微分して $\boldsymbol{0}$ とおくと，

$$-\frac{2}{n}\sum_{i=1}^n(\boldsymbol{w}^\mathrm{T}\boldsymbol{\phi}(\boldsymbol{x}^{(i)}))\boldsymbol{\phi}(\boldsymbol{x}^{(i)}) + 2\lambda\boldsymbol{w} = \boldsymbol{0} \tag{3.11}$$

となる．第1項の $\boldsymbol{\phi}(\boldsymbol{x}^{(i)})$ にかかる係数 $\boldsymbol{w}^\mathrm{T}\boldsymbol{\phi}(\boldsymbol{x}^{(i)})$ はスカラー量であり，$\lambda \neq 0$ であれば，$\alpha_i = \boldsymbol{w}^\mathrm{T}\boldsymbol{\phi}(\boldsymbol{x}^{(i)})/(n\lambda)$ とおくことにより，

$$\boldsymbol{w} = \sum_{i=1}^n \alpha_i \boldsymbol{\phi}(\boldsymbol{x}^{(i)}) \tag{3.12}$$

という形に書けることがわかる[*4]．すなわち，$f(\boldsymbol{x})$ は，

$$f(\boldsymbol{x}) = \sum_{i=1}^n \alpha_i \boldsymbol{\phi}(\boldsymbol{x}^{(i)})^\mathrm{T}\boldsymbol{\phi}(\boldsymbol{x}) = \sum_{i=1}^n \alpha_i k(\boldsymbol{x}^{(i)}, \boldsymbol{x}) \tag{3.13}$$

と書き直すことができる．なお，これは，制約条件に含まれているのが $\|\boldsymbol{w}\|^2$ という項であること，つまり，リプレゼンター定理の正則化項が満たす条件と同じ形をしていることとも関係している．

ここで導入した $\boldsymbol{\alpha}$ を使うと，$f(\boldsymbol{x})$ のサンプル分散は

[*2] これは平均 0 を仮定せず，（分散最大化のかわりに）二乗平均最大という規準で最適化を行なうことと等価である．

[*3] ラグランジュの未定乗数法については 4 章 4.1 節(c)で再度詳細な考察を行なう．

[*4] この形は元の主成分分析に対して双対形と呼ばれる．

$$\mathrm{Var}_n[f(\boldsymbol{x})] = \frac{1}{n}\sum_{l=1}^n (\sum_{i=1}^n \alpha_i k(\boldsymbol{x}^{(i)}, \boldsymbol{x}^{(l)}))^2$$
$$= \frac{1}{n}\sum_{i=1}^n \sum_{j=1}^n \sum_{l=1}^n \alpha_i \alpha_j k(\boldsymbol{x}^{(i)}, \boldsymbol{x}^{(l)}) k(\boldsymbol{x}^{(j)}, \boldsymbol{x}^{(l)})$$
$$= \frac{1}{n}\boldsymbol{\alpha}^{\mathrm{T}} K^2 \boldsymbol{\alpha} \tag{3.14}$$

と書けるので,$L(\boldsymbol{w})$ を $\boldsymbol{\alpha}$ で書き直してやると,

$$L(\boldsymbol{\alpha}) = -\frac{1}{n}\boldsymbol{\alpha}^{\mathrm{T}} K^2 \boldsymbol{\alpha} + \lambda(\boldsymbol{\alpha}^{\mathrm{T}} K \boldsymbol{\alpha} - 1) \tag{3.15}$$

となる.そこで,改めて $L(\boldsymbol{\alpha})$ を $\boldsymbol{\alpha}$ について微分し $\boldsymbol{0}$ とおくと,

$$-\frac{2}{n}K^2 \boldsymbol{\alpha} + 2\lambda K \boldsymbol{\alpha} = \boldsymbol{0} \tag{3.16}$$

という方程式が得られる.ここで K が正則と仮定すれば,

$$K\boldsymbol{\alpha} = \lambda \boldsymbol{\alpha} \tag{3.17}$$

となり,これはグラム行列の固有値問題である.ここで,簡単化のために $n\lambda$ を改めて λ と置き直してある.$L(\boldsymbol{\alpha})$ にこの式を代入すると,

$$L(\boldsymbol{\alpha}) = -\lambda \tag{3.18}$$

となるので,L を最小にするのは λ ができるだけ大きな値を取るとき,すなわち K の最大固有値のときであることがわかる.固有ベクトルはスカラー倍の自由度があるが,$\boldsymbol{\alpha}^{\mathrm{T}} K \boldsymbol{\alpha} = 1$ という制約があるので,これを満たすように $\boldsymbol{\alpha}$ を決めればよい.

さて,1次元でなく2次元以上の空間に射影を取りたければ,上から M 個の固有値を取ってきて,対応する固有ベクトルによって張られる空間に射影を取ればよい.つまり,固有値を大きいほうから $\lambda_1, \ldots, \lambda_n$ とし,対応する固有ベクトルを $\boldsymbol{\alpha}_1, \ldots, \boldsymbol{\alpha}_n$ としたとき,

$$f_j(\boldsymbol{x}) = \sum_{i=1}^n \alpha_{ji} k(\boldsymbol{x}^{(i)}, \boldsymbol{x}), \quad j=1, \ldots, M, \quad \boldsymbol{\alpha}_j = (\alpha_{j1}, \ldots, \alpha_{jn})^{\mathrm{T}} \tag{3.19}$$

という M 個の射影を取ることになる.

(2) 一般の場合

さて,最初に $\phi(\boldsymbol{x})$ はサンプル平均が 0 であると仮定したが,そうでない場合について「分散=二乗平均−平均の 2 乗」という関係を使ってサンプル分散の値を導く.まず,$f(\boldsymbol{x})$ のサンプル平均は

$$\mathrm{E}_n[f(\boldsymbol{x})] = \frac{1}{n}\sum_{l=1}^n f(\boldsymbol{x}^{(l)}) = \frac{1}{n}\sum_{i=1}^n\sum_{l=1}^n \alpha_i k(\boldsymbol{x}^{(i)},\boldsymbol{x}^{(l)}) = \frac{1}{n}\boldsymbol{\alpha}^\mathrm{T} K\mathbf{1} \quad (3.20)$$

のように行列・ベクトルを使って書き表わせる.ただし,$\mathbf{1}$ は 1 を n 個縦に並べた $(1,1,1,\ldots,1)^\mathrm{T}$ というベクトルである.これを使うと,平均の 2 乗は

$$\mathrm{E}_n[f(\boldsymbol{x})]^2 = \frac{1}{n^2}(\boldsymbol{\alpha}^\mathrm{T} K\mathbf{1})^2 = \frac{1}{n^2}(\boldsymbol{\alpha}^\mathrm{T} K\mathbf{1})(\mathbf{1}^\mathrm{T} K\boldsymbol{\alpha}) \quad (3.21)$$

となるから,これを二乗平均(3.14)から引くと分散は

$$\mathrm{Var}_n[f(\boldsymbol{x})] = \frac{1}{n}\boldsymbol{\alpha}^\mathrm{T} K J_n K\boldsymbol{\alpha} \quad (3.22)$$

となる.ただし,J_n は

$$J_n = I_n - \frac{1}{n}\mathbf{1}\mathbf{1}^\mathrm{T} \quad (3.23)$$

という行列である.したがって,(3.17)は

$$J_n K\boldsymbol{\alpha} = \lambda\boldsymbol{\alpha} \quad (3.24)$$

という固有値問題を解くことに帰着される.

以上をアルゴリズムの形で書くと次のようにまとめられる.

カーネル主成分分析
[1] データ点の集合 $\boldsymbol{x}^{(1)},\boldsymbol{x}^{(2)},\ldots,\boldsymbol{x}^{(n)}$ から,グラム行列 K ($K_{ij}=k(\boldsymbol{x}^{(i)},\boldsymbol{x}^{(j)})$) を作る.
[2] $J_n K\boldsymbol{\alpha}=\lambda\boldsymbol{\alpha}$(式(3.24))という固有値問題を解く.
[3] 固有値の大きい順に式(3.19)のように非線形変換を構成する.

(c) カーネル主成分分析の問題点とデータ依存カーネル

最初に述べたように,主成分分析は分散を最大にする低次元空間を求める

が，それは同時に二乗誤差を最小にする情報の圧縮法でもある．また，特に正規分布ならもとのデータの情報量を最大限保っている．

カーネル主成分分析で注意しなければならないのは，これらの性質がすべて特徴ベクトルの空間での話だということである．つまり，分散や二乗誤差と言っているのは特徴ベクトルの世界の話で，もとの空間での分散や二乗誤差とは一般に異なる．

つまり，特徴ベクトルの選び方(＝カーネル関数の選び方)によって結果が変化してしまう．非常に単純な場合として，x の各軸方向に勝手にスケーリングしたものを主成分分析すると，結果はまったく違うものになることはすぐにわかるであろう．実際，図 3.3 に示すように，カーネル関数のパラメータを変化させると結果が大きく変化する．また，カーネル関数はデータを超高次元に移してから低次元構造を抽出するので，高次元に移したときに見かけ上生じたばらつきを拾ってしまう可能性がある．したがって，カーネル主成分分析ではカーネル関数の選び方によって結果はかなり異なる．

妥当と思える結果を得るためには，もとの空間やデータの構造をうまく反映した適切なカーネル関数を定義する必要がある．しかしこの言い方には少し注意が必要である．今までは特徴抽出にしろカーネル関数にしろ，あらかじめ

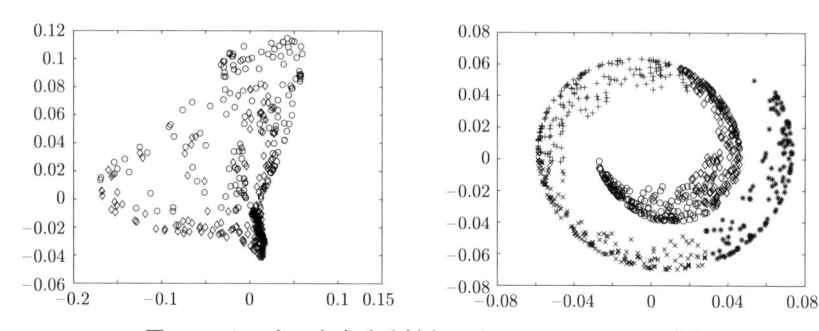

図 3.3　カーネル主成分分析をスイスロールのデータ(図 3.1)に適用して 2 次元空間に落とした例．カーネルはガウスカーネルを使った．β の値が左 0.1，右 0.001 で，値によって結果が大きく異なることがわかる．スイスロール状に帯状に配置した記号($*\rightarrow\times\rightarrow+\rightarrow\diamond\rightarrow\circ$)は右側の図で一応その順番通りに並んでいる．

関数がデータとは無関係に決まっていて、それにデータを入れることによってカーネル関数の値が得られている．それを今度は関数をデータに応じて変えてしまおうというのである．それには理論による裏付けが必要だが，都合のよいことに以下のような性質が成り立つ．

■ 正定値行列とカーネル関数の等価性

サンプルと同じサイズの任意の正定値行列 K が与えられたとき，特徴ベクトル $\phi(\boldsymbol{x}^{(i)})$ が存在し，それに対応するカーネル関数の定めるグラム行列が K になる[*5]． □

これは，勝手に正定値行列を作ってしまえば，それをカーネル関数のグラム行列とみなせるということを保証しており，データに応じて正定値行列をうまく設計することが可能となる[*6]．

これもまたある種逆転の発想であり，カーネル法を非常に柔軟なものにしている．しかし，その裏返しとしてこれは非常に危険なことでもある．任意の正定値行列がグラム行列になり得るということは，データとはまったく無関係にグラム行列を作ることもできてしまう．それでは意味がないので，与えられたデータの性質や情報圧縮をする目的をきちんと念頭において適切な正定値行列を設計する必要がある．

3.2 節では，データの構造に応じてグラム行列を設計した上で次元圧縮を行ういくつかの手法を紹介するが，その前に一般的に注意すべき点についてまとめておく．

(1) トランスダクション

サンプルに基づいてグラム行列を設計してデータ解析を行なう場合に考えておかなければならないのは，サンプルとして与えられていない入力 $\boldsymbol{x}^{\text{new}}$ の扱いである．カーネル法では一般に $k(\boldsymbol{x}^{\text{new}}, \boldsymbol{x}^{(i)})$ という関数を計算する必要があるが，カーネル関数ではなくサンプルに対するグラム行列だけを設計するアプローチではこの関数を計算できない．これに対処するためには，サンプル

[*5] これはより厳密な形で 6 章 6.2 節 (c) の定理 9「カーネル関数存在定理」として与えられる．
[*6] この性質の理論的な詳細は 6 章の定理 9 を参照．

として与えられていない入力も考えられるものはすべてグラム行列の計算の際に加えておくとよい.このように,サンプル点以外の入力情報も学習時に取り込んでおく枠組みのことを(次元圧縮に限らず)一般的にトランスダクション(transduction)という.ただし,$\mathcal{X}$ が有限集合であるなど $\boldsymbol{x}^{\text{new}}$ として考えられるものがそれほど多くない場合はよいが,そうでなければ学習にかかる計算量が大きく増大してしまう可能性がある.

ちなみに,次元圧縮から話がそれるが,関数近似などの応用では,あらかじめ入力点の候補 $\boldsymbol{x}^{\text{new}}$ が限定されていることがある.そのようなとき,すべての入力点での精度を上げることをめざすよりは,$\boldsymbol{x}^{\text{new}}$ での精度を上げることに集中したほうが性能がよくなる場合がある.このような問題もトランスダクションの枠組みとして研究されている[*7].

(2) 類似度と正定値行列

2.2 節でも述べたように,カーネル関数は特徴ベクトルの間の内積だから,特徴ベクトルどうしの類似度あるいは近さを表わしていると考えることができる.科学実験や社会調査などによって類似度を測定するようなアプリケーションでは,サンプルどうしの類似度が直接与えられることもある.もし与えられた類似度行列が正定値であれば,「正定値行列とカーネル関数の等価性」により,これをカーネル関数として使うことができる.しかしながら,一般に類似度行列は正定値とは限らないので,類似度行列から正定値行列を作る必要がある.ただし,カーネル主成分分析では,固有値の大きい場合だけが問題となり,小さい固有値は捨ててしまうので,数学的な意味づけが怪しくなる.しかし,正の固有値だけを取り出している限り実用上はそのまま使っても問題がないことが多い.

正定値とは限らない行列から正定値行列を求めるなど,与えられた情報をも

[*7] より一般には,トランスダクションとは,学習サンプルからテスト入力だけに関する推論を行なうことを指す.これは,サンプルからすべての入力に関する一般則を導き出す「帰納学習」と対比する概念である.トランスダクションはサポートベクトルマシンの提案者でもあるヴァプニック(V. Vapnik)によって提唱された概念で,テスト入力に関する推論だけが目的ならば,一般則の導出という,より難しい問題を解くよりも直接テスト入力に関する推論問題を解くほうがよいという考え方に基づいている.

とにグラム行列を設計する方法については5章の5.2節で述べる.

3.2 次元圧縮とデータ依存カーネル

ここではカーネル主成分分析のバリエーションとして,データに依存したカーネルを使った次元圧縮のいくつかの手法を紹介する.いずれも基本的にはカーネル主成分分析とカーネル関数の計算が異なるだけで同じく固有値問題を解くことに帰着される.入力の空間の構造などをカーネル関数(グラム行列)の設計にうまく生かすことによって妥当な結果を得ようとするものである.これは,後の章で述べるカーネル設計にも深く関係している.

(a) 次元圧縮とカーネル法の等価性

「データを次元圧縮する」と言ったとき,それは以下の微妙に異なる2つの場合を指す.
- 与えられたサンプルの低次元表現を求める(古くからある**多次元尺度構成法**(MDS=Multi-dimensional Scaling)の多くはこれを目的とする).
- 高次元空間 $\boldsymbol{x}$ から低次元空間への写像を求める(カーネル主成分分析はこちらを求めた)

両者の違いは,前者が,与えられたサンプルのみに着目してその次元を小さくしようとしているのに対し,後者はサンプルに含まれていない新規データが与えられた場合にも低次元空間に移すことを可能としている点で,より一般的である.

しかしながら,実は両者は同じ固有値問題に基づくもので,以下で示すように互いに等価なものである.(平均0の場合の)カーネル主成分分析の解は,低次元空間への写像として

$$f_j(\boldsymbol{x}) = \sum_{i=1}^n \alpha_{ji} k(\boldsymbol{x}^{(i)}, \boldsymbol{x}), \qquad K\boldsymbol{\alpha}_j = \lambda_j \boldsymbol{\alpha}_j \qquad (3.25)$$

によって求められた.これを使って,サンプル $\boldsymbol{x}^{(l)}$ の低次元表現を計算してみると,

$$f_j(\boldsymbol{x}^{(l)}) = \sum_{i=1}^{n} \alpha_{ji} k(\boldsymbol{x}^{(i)}, \boldsymbol{x}^{(l)}) = (K\boldsymbol{\alpha}_j)_l = \lambda_j \alpha_{jl} \tag{3.26}$$

となる．したがって，M 個の固有ベクトル $\boldsymbol{\alpha}_1, \boldsymbol{\alpha}_2, \ldots, \boldsymbol{\alpha}_M$ の l 番目の成分（の定数倍）を集めてくれば $\boldsymbol{x}^{(l)}$ の M 次元表現

$$\boldsymbol{\beta}_l = (\lambda_1 \alpha_{1l}, \lambda_2 \alpha_{2l}, \ldots, \lambda_M \alpha_{Ml})^{\mathrm{T}} \tag{3.27}$$

が得られる．これは古典的な MDS で求める低次元表現と本質的に同じである（各固有ベクトルの前にかかるスカラーには任意性がある）．一方，固有ベクトルの成分を重みとしてカーネル関数の重みつきの和を計算すれば低次元空間への写像が得られる．したがって，同じ固有値問題を解くことによってどちらの解も求められることになる[*8]．

(b) ラプラシアン固有マップ法：
グラフ上の物理モデルに基づく次元圧縮

ここではサンプルからグラム行列を推定して次元圧縮をする最も基本的なアルゴリズムであるラプラシアン固有マップ法（Laplacian eigenmap）[14] について述べる．

(1) グラム行列とグラフ構造

まず，グラム行列を設計するために，サンプルデータとグラフ構造とを関連づけると視覚的にイメージしやすい．サンプルデータは有限個の点なので，グラフの頂点に対応づけられる．また，カーネル関数は二つのデータ間から決まるので，頂点と頂点を結ぶ枝で二つのデータ間の関連性を表現しよう．カーネル関数は対称なので，無向グラフで考える．また，とりあえずすべてのノードを結ぶ枝があるような完全グラフで考える（図 3.4）．

ちなみに，カーネル法とグラフ構造については，「グラフ構造をデータとみなしたときの，グラフとグラフの間のカーネル関数」というものを考えることもあるが，上で考えている「サンプルとサンプルの間の関係をグラフで表わし

[*8] ただし，以下で述べる手法のいくつかについては，この関係が厳密には成り立たないので注意しておく．

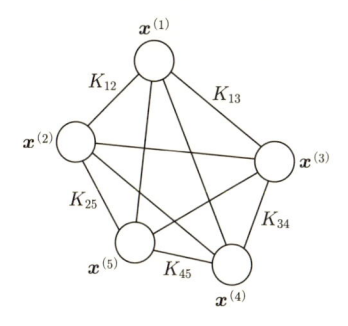

図 **3.4** グラム行列とグラフ構造.各サンプルをグラフの
ノード,サンプル間の関連性を枝の重みとして表現できる.

たもの」とは異なることに注意が必要である.グラフとグラフの間のカーネル
関数については複雑なデータ構造に対するカーネル設計(5 章 5.4 節 (d))のと
ころで簡単に触れる.

(2) ラプラシアン固有マップ法

サンプルに対応するグラフの枝に重みをつけることを考える.互いに近い
データは大きな重みを,遠いデータは小さな重みとなるようにする.たとえ
ば,データ空間 $\mathcal{X}$ が実数ベクトル空間であれば,ガウスカーネルを重みとし
て取ることができる.i と j を結ぶ枝の重み K_{ij} を成分とする行列を K とす
る.

さて,ここではサンプルを 1 次元の値に縮約して表現することを考えよう.
ここでは i 番目のサンプルの表現 β_i を決めるために,データ間の重みつきの
差を小さくすることを考える.つまり,

$$\min_{\boldsymbol{\beta}} \sum_{i,j} K_{ij}(\beta_i-\beta_j)^2 \tag{3.28}$$

という問題を解く.これにより,K_{ij} が大きくて互いに近いサンプルどうしは
近くに配置される.式 (3.28) を 2 次形式で書いたものを

$$\sum_{i,j} (\beta_i-\beta_j)^2 K_{ij} = 2\boldsymbol{\beta}^{\mathrm{T}} P \boldsymbol{\beta} \tag{3.29}$$

とおく.ここで,対角行列 Λ を

$$\Lambda_{ii} = \sum_{j=1}^{n} K_{ij} \tag{3.30}$$

とおくと，P は

$$P = \Lambda - K \tag{3.31}$$

と書けるが，これはグラフ上のラプラス作用素として知られているもので，グラフ上の熱伝導と関連づけられる[*9]．β_i は定数倍しても本質的に等価であるから，その定数倍の自由度を除くために

$$\boldsymbol{\beta}^{\mathrm{T}} \Lambda \boldsymbol{\beta} = 1 \tag{3.32}$$

という制約をおいておく[*10]．すると，ラグランジュ関数が

$$L(\boldsymbol{\beta}) = \boldsymbol{\beta}^{\mathrm{T}} P \boldsymbol{\beta} - \lambda (\boldsymbol{\beta}^{\mathrm{T}} \Lambda \boldsymbol{\beta} - 1) \tag{3.33}$$

となるような最適化問題となるので，これを $\boldsymbol{\beta}$ で微分して $\mathbf{0}$ とおくと，

$$P\boldsymbol{\beta} = \lambda \Lambda \boldsymbol{\beta} \tag{3.34}$$

という，一般化固有値問題の最小固有値に対応する固有ベクトルを求めることに帰着される．ただし，固有値 0 で $\boldsymbol{\beta} \propto \mathbf{1}$ という自明な解（すべての点を同じ点に移す）をもつのでそれは除いて，それより大きい最小の固有値に対応する固有ベクトルから順番に $\boldsymbol{\beta}_1, \boldsymbol{\beta}_2, \ldots$ と取っていけばよい．つまり，各ベクトルの l 番目の成分 $\beta_{1l}, \beta_{2l}, \ldots$ を集めたのがラプラシアン固有マップ法におけるサンプル $\boldsymbol{x}^{(l)}$ の低次元表現となる．

ここで，ラプラシアン固有マップ法とカーネル主成分分析との関係について見てみよう．$P = \Lambda - K$ から，

$$K\boldsymbol{\beta} = \lambda' \Lambda \boldsymbol{\beta}, \qquad \lambda' = 1 - \lambda \tag{3.35}$$

[*9] 熱伝導の関連については 5 章 5.2 節 (b) で述べる拡散カーネル（ラプラス作用素に基づいてグラム行列を設計する方法）のところで詳しく述べる．グラフ上の微分作用素についてはグラフのスペクトル理論で研究されている [89][78][19]．

[*10] この制約のおき方にはほかにもいくつかのやり方が考えられる．

となり，λ の最小化は，こちらの固有値問題では固有値 λ' の最大化となる．K としてガウスカーネルのグラム行列を取れば，式(3.35)はカーネル主成分分析の式(3.17)と類似している．唯一の違いは式(3.35)では，サンプル集合に依存して決まる Λ という対角行列が右辺の $\boldsymbol{\beta}$ にかかっていることである．したがって，ラプラシアン固有マップ法は，カーネル主成分分析をグラフ上の熱伝導と関連づけることによって補正したものとみなすことができる[*11]．この補正により，ラプラシアン固有マップ法はもとのカーネル主成分分析ほどカーネル関数のパラメータに敏感ではなくなっている．図 3.5 に適用例を示す．

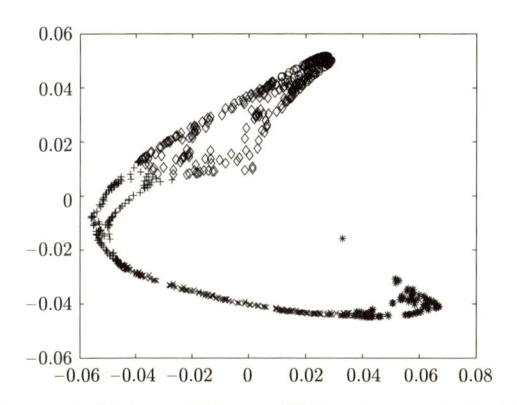

図 3.5 ラプラシアン固有マップ法をスイスロールデータに実行し，2 次元平面に射影した図．K としてガウスカーネルを用いた．シートとしての復元はあまりよくないが，スイスロール状に帯状に配置した記号 (∗ → × → + → ◇ → ○) は一応その順番通りに並んでいる．

また，ラプラシアン固有マップ法ではサンプルに対する低次元表現は得られるが，一般には低次元空間への写像は得られない．固有値問題に Λ が入ることによって，3.2 節(a)で議論したサンプルの低次元表現と低次元空間への写像との等価性は厳密には成立しないからである．そのため，サンプルとは別の入力が与えられた場合には 3.1 節(c)で述べたトランスダクションなどの手法によって低次元表現を得る工夫が必要となる．

[*11] ラプラシアン固有マップ法は次の 3.3 節(b)で述べるスペクトルクラスタリングとも関係が深い．

(c) ISOMAP：多様体上の距離に基づく次元圧縮

(1) 次元圧縮と多様体あてはめ

次元圧縮の目的は，高次元空間の中でデータによくあてはまる曲線や曲面といった低次元の部分空間を見つけることである．そうした部分空間のことを多様体と呼ぶが，本項で説明するISOMAP[*12][83]や次の項で述べる局所線形埋め込み法は多様体の性質に着目して次元圧縮を行なう．

手法について述べる前に多様体について少し直観的な補足説明をしておこう．多様体は非常に狭い範囲で見ればふつうのユークリッド空間と同じ構造（これを接空間という）をもつが，広い範囲で見るとユークリッド空間のようにまっすぐとは限らず一般には曲がった構造をしている．この様子を理解するには，地球の表面のようなものを想像してみればよい．我々は普段，地面は2次元のユークリッド平面だと思って生活しているが，実際には地球の表面は3次元空間中に埋め込まれた曲がった球面である．

多様体は曲がっていてもその上に適当な座標系を取ることができる．球面における緯度や経度といったものがそれにあたる．経度は北極や南極で縮退してしまうなどユークリッド空間での直交座標系とは異なる．そのような問題を避けるためには，一つの座標系で全部をカバーするのではなく，複数のユークリッド空間を貼り合わせて多様体全体を覆えばよい．

ただし，本書で出てくる多様体はすべて一つの座標系で多様体全体を覆うことができる場合のみを考える．これは多様体が球やドーナツのような複雑な構造をもたないと仮定し，図3.1のスイスロールのような構造だけを考えることに相当する．

(2) 多様体上の距離

ISOMAPでは多様体の上の距離に着目して構造の抽出を行なう．すでに述べたように，カーネル関数は特徴ベクトル間の類似度あるいは近さを表わしていると考えることができる．グラム行列を適切に設計するためには「妥当な近

[*12] ISOMAPはisometric mapping（等長写像）を短くした造語である．

さ」を決める必要があるが，近さを定量化することは難しいことがある．そのような場合に，近さの反対概念の遠さを表わす「距離」なら決められるという場合もある．こうして距離が決まれば，後で述べるように距離とカーネルには関係があるのでそれを使って，距離の問題をカーネルの問題として解くことができる．

さて，与えられたサンプルがユークリッド空間を伸縮せずにねじまげたような多様体の上にあるとしよう．これは3次元空間で平らな紙を変形させてできる曲面のようなものである．

多様体上のある点からある点への距離は，多様体の上をたどって行ける最短経路の長さとして定義できる．点の間の距離は，ユークリッド空間を伸縮さえしなければねじまげても変化しない．ただし，最短経路は埋め込まれた空間でみると直線ではなくなる．もし点の間の距離が正しく推定できれば，それをできるだけ保つようなデータの空間配置を見つけることによって，ねじまげる前のまっすぐなユークリッド空間を復元することができる．これがISOMAPの基本的な考え方である．

ただし，与えられているのは多様体上にあるサンプル点だけなので多様体をそのサンプル点を使って表現し，その上で最短距離を近似的に求めてやる必要がある．

まず，そのために，サンプル点を端点とする近傍グラフというものを作る．具体的には各サンプルどうしのユークリッド距離を測り，あらかじめ決めたしきい値 ε 以下，あるいは k 個の近傍について枝で結ぶ[*13]．すると多様体を骨組み構造で近似したようなものができる(図3.6)．

多様体は局所的にはユークリッド空間とみなせるので，近くの点までの距離はその直線距離で近似することができる．一方，遠くの点までの距離は近くの点までの最短距離をつないでいったものである．そこで多様体上の経路をグラフの枝をたどった経路で近似したものと考え，グラフ上での最短経路を計算すれば遠く離れた点の間の距離を求めることができる．

[*13] このグラフは構造としてはラプラシアン固有マップ法で考えたグラフと類似しているが，重みはラプラシアン固有マップ法では近さに取ったので，距離とは意味が正反対になっていることに注意．

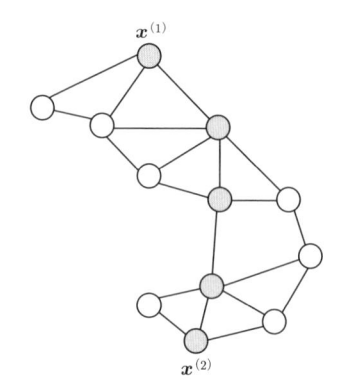

図 3.6 ISOMAP の概念図．サンプル点から近傍グラフを作り，枝にはサンプル点の間のユークリッド距離の重みをおく．はなれた点(たとえば $x^{(1)}$ と $x^{(2)}$)への多様体上の距離はグラフの最短経路で近似する．

グラフ上の 2 点間の最短経路を動的計画法(5 章 5.4 節(a)参照)と呼ばれる手法によって効率的に求めるアルゴリズムはよく知られており，それを使って距離行列を求めることができる．図 3.7 に ISOMAP の実行例を示す．

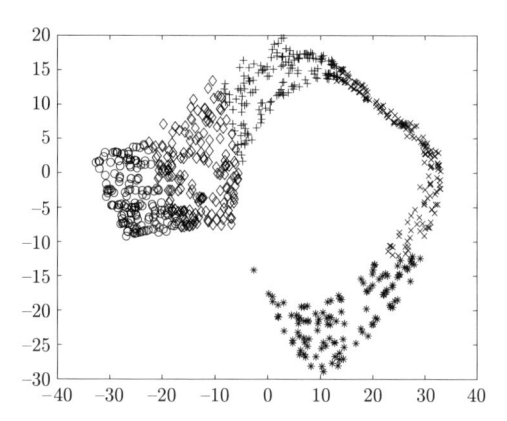

図 3.7 スイスロールに対する ISOMAP の実行例．途中でねじれのようなものが見えるが，一応シートを広げた形が見られ，点につけた記号の順番($* \to \times \to + \to \diamond \to \circ$)も保たれている．

(3) 距離からカーネルへ

さて,多様体上の距離は求められたが,カーネル法は距離と対をなす類似度に基づく方法なので,一般には距離から類似度への変換を行なわなければならない.そこで,ここでは距離と類似度の関係について調べることにしよう.

まず簡単なのは ISOMAP の導入で仮定したように,距離がユークリッド距離とみなせる場合である.ただしそれだと制限が厳しいので,ここではある特徴ベクトルがあって,その間のユークリッド距離として距離が与えられている場合を考えよう.

特徴ベクトル $\phi(\boldsymbol{x})$ をユークリッド空間上の点とみなすと,

$$\|\phi(\boldsymbol{x}^{(i)})-\phi(\boldsymbol{x}^{(j)})\|^2 = \|\phi(\boldsymbol{x}^{(i)})\|^2+\|\phi(\boldsymbol{x}^{(j)})\|^2-2\phi(\boldsymbol{x}^{(i)})^\mathrm{T}\phi(\boldsymbol{x}^{(j)}) \tag{3.36}$$

より,

$$k(\boldsymbol{x}^{(i)},\boldsymbol{x}^{(j)}) = -\frac{1}{2}(\|\phi(\boldsymbol{x}^{(i)})-\phi(\boldsymbol{x}^{(j)})\|^2-\|\phi(\boldsymbol{x}^{(i)})\|^2-\|\phi(\boldsymbol{x}^{(j)})\|^2) \tag{3.37}$$

という関係があるので,これが距離からカーネルを計算する基本式となる.

ただし,多くの問題ではサンプルどうしの距離だけしかわからない場合も多い.すると上の式の第2項と第3項はサンプルと原点の間の距離なので計算ができない.

そこで,n 個のデータ集合の要素の間の距離を要素としてもつ行列 D が与えられる場合に,そこからグラム行列を計算する方法を考えよう.D の i,j 成分 D_{ij} が $\boldsymbol{x}^{(i)}$ と $\boldsymbol{x}^{(j)}$ の間の距離を表わすとすると,式(3.36)より

$$\begin{aligned} D_{ij} &= \|\phi(\boldsymbol{x}^{(i)})-\phi(\boldsymbol{x}^{(j)})\|^2 \\ &= K_{ii}+K_{jj}-2K_{ij} \end{aligned} \tag{3.38}$$

という形の関係式が得られる.特徴ベクトル全体を平行移動してもお互いの間の距離は変化しないが,原点の位置が変わるため内積の値は変化する.したがって,サンプル点間の距離を定めるだけではカーネルの値はただ一つには定まらない.その不定性を消すために,ここでは特徴ベクトルのサンプル平均が **0**

になるように決めることにしよう．つまり，

$$\sum_{i=1}^{n} \phi(\boldsymbol{x}^{(i)}) = \boldsymbol{0} \tag{3.39}$$

である．これと $\phi(\boldsymbol{x}^{(j)})$ との内積を取ると，

$$\sum_{i=1}^{n} \phi(\boldsymbol{x}^{(i)})^{\mathrm{T}} \phi(\boldsymbol{x}^{(j)}) = \sum_{i=1}^{n} K_{ij} = 0 \tag{3.40}$$

となる（対称性から j についての和も 0 となることに注意）．

(3.38) を i について足し合わせると

$$\sum_{i=1}^{n} D_{ij} = \sum_{i=1}^{n} K_{ii} + n K_{jj} \tag{3.41}$$

となり，j についても同様に

$$\sum_{j=1}^{n} D_{ij} = n K_{ii} + \sum_{j=1}^{n} K_{jj} \tag{3.42}$$

となる．また，すべての総和は

$$\sum_{i=1}^{n} \sum_{j=1}^{n} D_{ij} = 2n \sum_{i=1}^{n} K_{ii} \tag{3.43}$$

となるので，これらの式を用いて距離からカーネルを求める式

$$-D_{ij} + \frac{1}{n} \sum_{i'=1}^{n} D_{i'j} + \frac{1}{n} \sum_{j'=1}^{n} D_{ij'} - \frac{1}{n^2} \sum_{i'=1}^{n} \sum_{j'=1}^{n} D_{i'j'} = 2K_{ij} \tag{3.44}$$

が得られる．これは従来，多変量解析で二重中心化と呼ばれているものである．

ただし，与えられた距離が特徴空間の二乗距離になっているという前提で式を導出したので，こうして求めたグラム行列が正定値になっている保証はない．3.1 節 (c) で考えた，正定値とは限らない類似度行列と同じ問題にここでも再び直面することになる．正定値でない場合の取り扱いについては 5 章 5.2 節で再び考えるが，実用的には，こうして求めたグラム行列に対してカーネル主成分分析を適用し，大きな正の固有値の部分だけを取り出せばそれほど深刻な問題はないと考えられる．

(d) 局所線形埋め込み法：線形モデルの貼り合わせによる次元圧縮

高次元の中に埋め込まれた多様体を取り出すもう一つの手法を紹介しよう．

前にも述べたように，多様体はどんなに変形していても狭い範囲で見れば線形空間とみなすことができる．この性質に着目し，次のような2ステップからなるアルゴリズムによって多様体のあてはめを行なうのが局所線形埋め込み法 (LLE=Locally Linear Embedding) [64] である (図 3.8)．

[1] 狭い範囲の点だけを使って低次元の線形モデルをあてはめる
[2] そのような線形空間をなめらかにつなぐことにより全体の多様体を推定する

局所線形埋め込み法の特徴は，この両方のステップを線形の手法だけを使って解くところにある．

まず最初のステップにおいて，低次元の線形モデルをあてはめるために，近傍の点の間の線形関係を見つけるのだが，具体的には各サンプル点 $\boldsymbol{x}^{(i)}$ を近傍の点 $\{\boldsymbol{x}^{(j)} \in \mathcal{N}_i\}$ で表現する．つまり，ISOMAP と同様に各点の近傍を決めたのち，

$$\min_W \|\boldsymbol{x}^{(i)} - \sum_{j \in \mathcal{N}_i} W_{ij} \boldsymbol{x}^{(j)}\|^2 \tag{3.45}$$

という最小化問題を解いて W_{ij} を求める (近傍に入っていない j については $W_{ij}=0$ とおく)．ここで，重み W_{ij} には $\sum_j W_{ij}=1$ という制約をおくことにする．

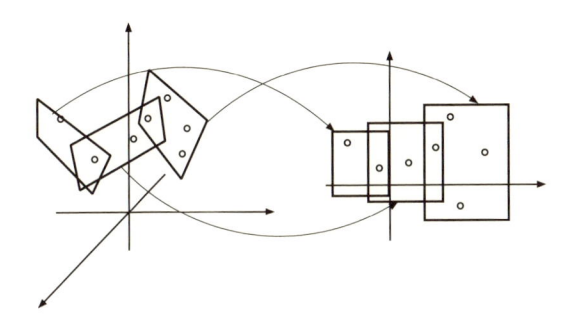

図 3.8 局所線形埋め込み法の概念図．複数の局所的な線形空間のつなぎあわせで曲がった部分構造を抽出する．

次に，そうして求めた線形モデルをなめらかにつなぐことを考える．簡単のため1次元の多様体のあてはめで説明しよう．多様体上の座標系は1次元で β

とする．β に関しても $\boldsymbol{x}$ 同様の線形関係が成り立つはずだが，今度は一つの近傍系だけでなく，各点が含まれているすべての近傍系でこの関係が成り立っているようにしたい．つまり，$\boldsymbol{x}^{(i)}$ が含まれる近傍系のすべてについて，$\boldsymbol{x}^{(i)}$ に対応する多様体上の座標 β_i が上の関係式を満たすようにしたい．式で書けば，

$$\min_{\boldsymbol{\beta}} \sum_{i=1}^{n} (\beta_i - \sum_{j \in \mathcal{N}_i} W_{ij} \beta_j)^2 \tag{3.46}$$

となるように $\boldsymbol{\beta}=(\beta_1,\ldots,\beta_n)^{\mathrm{T}}$ を定める．$\boldsymbol{\beta}$ はスケール倍しても本質的な情報は変わらないので，大きさが 1 であるという制約条件 $\|\boldsymbol{\beta}\|^2=1$ を入れてラグランジュの未定乗数法を適用すると，ラグランジュ関数が

$$\|(I-W)\boldsymbol{\beta}\|^2 - \lambda(\|\boldsymbol{\beta}\|^2 - 1) \tag{3.47}$$

と書けるので，$\boldsymbol{\beta}$ で微分することにより，

$$(I-W)^{\mathrm{T}}(I-W)\boldsymbol{\beta} = \lambda \boldsymbol{\beta} \tag{3.48}$$

という固有値問題に帰着される．これもラプラシアン固有マップ法と同様に $\boldsymbol{\beta} \propto \boldsymbol{1}$ という自明な解で最小固有値 0 を取るので，それを除いた最小固有値に対する固有ベクトルが解となる．

上の式の $(I-W)^{\mathrm{T}}(I-W)$ を展開すると，$I-W-W^{\mathrm{T}}+W^{\mathrm{T}}W$ となり，この固有値最小化は

$$(W+W^{\mathrm{T}}-W^{\mathrm{T}}W)\boldsymbol{\beta} = (1-\lambda)\boldsymbol{\beta} \tag{3.49}$$

と書けるので，

$$\tilde{K} = W+W^{\mathrm{T}}-W^{\mathrm{T}}W \tag{3.50}$$

という行列の固有値最大化と等価になる．ただし，これは正定値であるという保証がないので，適当な正の数 c を使って

$$K = \tilde{K} + cI_n \tag{3.51}$$

とすれば K は正定値にできる．したがって局所線形埋め込み法は，この行列

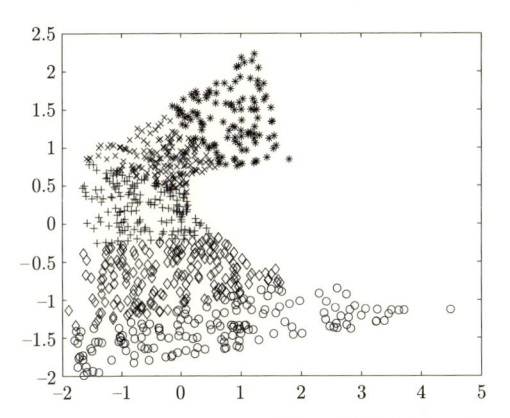

図 **3.9** スイスロールデータに対する局所線形埋め込み法の実行例．シート上に広がっている様子がわかり，∗→×→+→◇→○ という順番も保存されている．

に対するカーネル主成分分析ととらえることができる．図 3.9 に局所線形埋め込み法の実行例を示す．

3.3 クラスタリング

ここまで，空間上に漂うシートのようなものを考えて，そこに高次元のデータを射影するという連続変数の場合を考えた．ここからは，空間上にいくつかの点が配置されていて，高次元のデータ集合のそれぞれをそれらの点のどれかで代表させるという離散値への情報圧縮を考える．

高次元中のいくつかの領域をまとめて一つの点で代表させるのだから，これは高次元データをまとまりごとに集めてグループ分けをしているとみなすことができる．多変量解析では，このようなグループ分けはクラスタリング(クラスタ分析)と呼ばれ長く研究されてきた．情報を圧縮するという観点からはベクトル量子化と呼ばれることもある．

以下ではカーネル法に基づくクラスタリング手法の枠組みを紹介する．まず，クラスタリングの基本的なアルゴリズムである k-平均 (k-means) 法をカーネルを用いて一般化する方法について述べる．k-平均法は大域的最適解を

保証するとは限らないアルゴリズムである.そこで次に,固有値問題の解として得られるスペクトラルクラスタリングについて述べる.

(a) カーネル k-平均法

サンプル点集合 $\boldsymbol{x}^{(1)}, \boldsymbol{x}^{(2)}, \ldots, \boldsymbol{x}^{(n)}$ が与えられ,その特徴ベクトルを $\boldsymbol{\phi}(\boldsymbol{x}^{(1)}), \boldsymbol{\phi}(\boldsymbol{x}^{(2)}), \ldots, \boldsymbol{\phi}(\boldsymbol{x}^{(n)})$ とするとき,それをグループ分けすることを考えよう.

まず,代表点の個数 c はあらかじめ決めておく.代表点は $\boldsymbol{\mu}_1, \boldsymbol{\mu}_2, \ldots, \boldsymbol{\mu}_c$ とする.それぞれのサンプル点は,その点に最も近い代表点のグループに入ることとしよう.また,逆に代表点はグループに属するサンプル点の重心に取ることにする.つまり,代表点とそれに属するグループのメンバーはお互いに依存するニワトリと卵のような関係にある.式で書けば,代表点 $\boldsymbol{\mu}_i$ に対応するグループのメンバーの集合 $\mathcal{N}_i$ は

$$\mathcal{N}_i = \{\boldsymbol{x}^{(l)} \mid \boldsymbol{\mu}_i = \arg\min_{\boldsymbol{\mu}_j} \|\boldsymbol{\phi}(\boldsymbol{x}^{(l)}) - \boldsymbol{\mu}_j\|^2\} \tag{3.52}$$

で表わされ,そのグループのメンバーを使って逆に代表点は

$$\boldsymbol{\mu}_i = \frac{1}{|\mathcal{N}_i|} \sum_{\boldsymbol{x}^{(j)} \in \mathcal{N}_i} \boldsymbol{\phi}(\boldsymbol{x}^{(j)}) \tag{3.53}$$

となる($|\mathcal{N}_i|$ は $\mathcal{N}_i$ の要素数).

このとき,代表点からメンバーへの二乗距離の総和ができるだけ小さくなるように代表点を決めることにしよう.つまり,

$$L = \sum_{i=1}^{c} \sum_{\boldsymbol{x}^{(j)} \in \mathcal{N}_i} \|\boldsymbol{\phi}(\boldsymbol{x}^{(j)}) - \boldsymbol{\mu}_i\|^2 \tag{3.54}$$

を最小化するように $\mathcal{N}_i, \boldsymbol{\mu}_i$ を決める問題である.

k-平均法では,代表点とグループの両方を一度に最適化することは難しいので,適当な初期値からスタートし,一方を固定し他方を最適化するという交互最適化を行なうことによって局所最適解を求める.

まず,どのグループに属しているかを判定するために特徴ベクトルと代表ベクトルとの距離を計算する必要がある.それは

$$\|\boldsymbol{\phi}(\boldsymbol{x}^{(j)})-\boldsymbol{\mu}_i\|^2 = \left\|\boldsymbol{\phi}(\boldsymbol{x}^{(j)})-\frac{1}{|\mathcal{N}_i|}\sum_{\boldsymbol{x}^{(l)}\in\mathcal{N}_i}\boldsymbol{\phi}(\boldsymbol{x}^{(l)})\right\|^2$$

$$= k(\boldsymbol{x}^{(j)},\boldsymbol{x}^{(j)})-\frac{2}{|\mathcal{N}_i|}\sum_{\boldsymbol{x}^{(l)}\in\mathcal{N}_i}k(\boldsymbol{x}^{(j)},\boldsymbol{x}^{(l)})$$

$$+\frac{1}{|\mathcal{N}_i|^2}\sum_{\boldsymbol{x}^{(l)}\in\mathcal{N}_i}\sum_{\boldsymbol{x}^{(m)}\in\mathcal{N}_i}k(\boldsymbol{x}^{(l)},\boldsymbol{x}^{(m)}) \qquad (3.55)$$

となり，カーネル関数だけを使って書き表わされる．つまり，$\boldsymbol{\phi}(\boldsymbol{x}^{(j)})$ や $\boldsymbol{\mu}_i$ は陽に計算する必要がない．この値をもとに新たなグループ分け $\mathcal{N}_i$ が求められる．アルゴリズムとしてまとめると以下のようになる．

カーネル k-平均法

[1] サンプルを適当に c 個のグループに分け，$\mathcal{N}_i$ を初期化する．
[2] 式(3.55)に基づいて $\mathcal{N}_i$ を更新する．
[3] グループ分けが収束するまでステップ[2]を繰り返す．

k-平均法では目的関数 L が単調に減少していくことが示されるので，このアルゴリズムは局所最適解に収束することが保証される．ただし，一般に大域的な最適解に収束するとは限らない．

(b) スペクトラルクラスタリング

k-平均法は非常に有効なクラスタリング手法であるが，反復演算を必要とする点と，収束解が必ずしも目的関数を最適にするものではないという欠点をもっていた．ここではクラスタリングの問題を固有値問題として定式化することによって，これらの問題点のないアルゴリズムを構成する．

整数計画問題とその緩和問題

簡単のため二つのグループだけの場合を考える．それぞれのグループに $1,-1$ という離散値を割り当てると，クラスタリングは，各サンプル $\boldsymbol{x}^{(i)}$ に対してグループに対応するラベル $\beta_i = \pm 1$ を割り当てる問題ととらえることができる．

ここでラプラシアン固有マップ法の説明で導入した，サンプル点から作られ

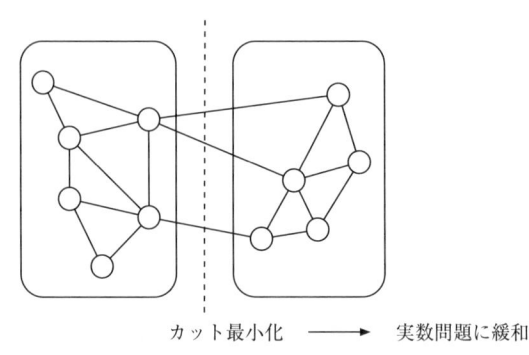

図 **3.10** スペクトラルクラスタリングの概念図

るグラフ構造を考えよう．各頂点がサンプル点で，枝にはサンプル点どうしの近さを表わす重みがついている(図3.10)．

サンプル点を二つのグループに分けると，それにともなってグラフも二分割される．分割されたグループ間を結ぶ枝のことを分割のカット(cut)と呼ぶ．グループ内はできるだけ近いものどうしが集まり，グループ間は遠く離れていることが望ましいから，このカットの重みの合計は小さいほどよい（重みは近いほど大きいとした）．式で書けば，

$$\min_{\boldsymbol{\beta}} \sum_{i,j} K_{ij}(\beta_i - \beta_j)^2 = 2\boldsymbol{\beta}^\mathrm{T} P \boldsymbol{\beta}, \qquad \beta_i = \pm 1 \tag{3.56}$$

となる．ここで，P はラプラシアン固有マップ法のときに出てきた式(3.29)と同じで，式(3.30)と同様に対角行列 $\varLambda$ を $\varLambda_{ii} = \sum_{j=1}^{n} K_{ij}$ と定義すれば，$P = \varLambda - K$ と書ける．

$\boldsymbol{\beta}$ は2値ベクトルという制約があるが，それは整数計画問題と呼ばれ，一般に解くのが困難である．そこで，整数という制約を取り払って任意の実数ベクトルに制約を緩めてやることにする．ただし，$\boldsymbol{\beta}$ の大きさは制約してやらないといくらでも小さな値を取り得るので，$\boldsymbol{\beta}^\mathrm{T} \varLambda \boldsymbol{\beta} = 1$ とする．すると，これはラプラシアン固有マップ法と完全に等価な最小化問題となることがわかるであろう．

この場合も，最小固有値0が存在し，それに対応する固有ベクトルは $\boldsymbol{\beta} \propto \mathbf{1}$ である．これはすべてのサンプルを一つのグループにまとめてしまうという意

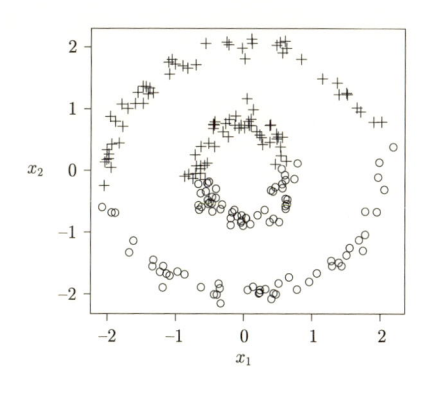

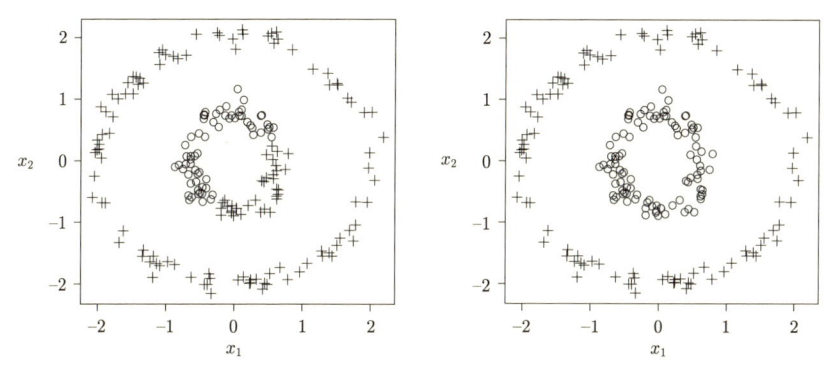

図 3.11 クラスタリング手法比較. 上:通常の k-平均法, 左下:カーネル k-平均法, 右下:スペクトラルクラスタリング(カーネルにはガウスカーネルを使い, $\beta=5$ とした). k-平均法では+と○が(それぞれの円ではなく)上半分と下半分に分かれている. カーネル k-平均法では内側の円の一部が+になっており, スペクトラルクラスタリングでは内側の円と外側の円で+と○がはっきり分かれている.

味のない解なので, 実際には2番目以降の固有ベクトルを使ってクラスタリングを行なう. このように, 整数計画問題を緩和した固有値問題を解くことによってクラスタリングを行なう手法をスペクトラル(spectral)クラスタリングと呼ぶ[71].

さて, クラスタリングでは最終的に, 実数ベクトルで得られたベクトルを離散化する必要がある. そのための手法にはいろいろなものがあるが, これはク

ラスタリング結果にどのような性質を期待するかによって変わってくる．たとえば固有ベクトルの成分 $\beta_1, \ldots, \beta_n$ を並べて，これをあるしきい値で切って，しきい値以上のグループとしきい値以下のグループに分けるという方法が考えられる．この場合，しきい値の決め方が重要となるが，グループのメンバー数があまり偏らないほうがよいとか，グループ内の分散ができるだけ小さいほうがよいとか，必要に応じて規準を作ってそれを最適化するようにしきい値を決める方法がいろいろ提案されている．

ここで，実際にクラスタリングをした結果を見てみよう(図 3.11)．クラスタリング結果の詳細や優劣はパラメータによって多少変化するので，参考程度に見てもらいたいが，図 3.11 の上の図は(カーネルを使わない普通の) k-平均法である．普通の k-平均法では 2 クラスの場合，直線で分けられる切り方しかできないので，＋と○が，それぞれの円ではなくほぼ上半分と下半分というようにグループ分けがされている．左下はカーネル k-平均法で，非線形の分け方が可能になってはいるが，この例では内側の円に＋と○がまざりあっている．右下はスペクトラルクラスタリングで，内側の円と外側の円というようにきれいにグループ分けができている．

3.4 判別分析と正準相関分析

回帰やクラス識別といった関数近似が目的でも，次元圧縮をした上で関数近似の問題を解くことは，次元の呪いを避けるために有効である．こうした次元圧縮が主成分分析などの場合と違うのは，明確な目的があるということである．主成分分析のときのように情報量が多いという漠然とした規準ではなく，回帰やクラス識別に有用な情報を抜き出してくることが重要となる．ここでは，それらの次元圧縮の問題が，やはり計算という観点からは固有値問題に帰着されることを示す．

(a) カーネル判別分析

(1) 離散目的変数がある場合の次元圧縮

(線形)判別分析(LDA=Linear discriminant analysis)[*14][63]は，クラスを表わす離散の目的変数がある場合の次元圧縮法である．判別分析ではクラス識別そのものではなく，クラス識別の前段階として有効と考えられる特別な規準を設定する．すなわち「同じクラスに属するサンプルの散らばりは小さく，クラスどうしの間の散らばりは大きくなるように」次元圧縮を行なう．

まず，カーネル法を導くため，次元圧縮の関数として特徴ベクトルの線形和で定義される1変数関数

$$f(\boldsymbol{x}) = \boldsymbol{w}^{\mathrm{T}} \boldsymbol{\phi}(\boldsymbol{x}) \tag{3.57}$$

を考える．各サンプル $\boldsymbol{x}^{(i)}$ にはクラスラベル $y^{(i)}$ がついている．クラス数を c とし，$y^{(i)}$ は $1, 2, \cdots, c$ のどれかの値を取るとする．

上に述べた規準は

$$\max_{f} \frac{\sigma_B^2}{\sigma_W^2} \tag{3.58}$$

と書くことができる[*15]．ただし，σ_B^2 と σ_W^2 はそれぞれクラス間分散，クラス内分散と呼ばれるものであり，後で正確な定義を述べるが，とりあえずはそれぞれ，クラスとクラスの間の隔たりと，クラスごとのまとまり具合を表わしているぐらいに理解しておいていただきたい．

判別分析をカーネル法で行なう場合，カーネル法の記述能力が高すぎて，この規準そのままではクラス内分散が0となる解が得られる．これは関数近似でサンプル点をすべて通る関数が得られたのと同じで過学習の状態であり，サンプル以外の点に関する汎化能力はほとんど期待できない．そこで回帰のときと同様に $\lambda \|\boldsymbol{w}\|^2$ という正則化項を考える．すると，リプレゼンター定理か

[*14] フィッシャーの判別分析(FDA=Fisher's discriminant analysis)と呼ばれることもある．
[*15] 判別分析には互いに結果が等価となるいくつかの規準があり，ここで紹介したのはその代表的なものの一つである．ほかには，クラス間分散の代わりにサンプル全体の分散を分子にしたものなどがある．

ら，
$$f(\boldsymbol{x}) = \sum_{i=1}^{n} \alpha_i k(\boldsymbol{x}^{(i)}, \boldsymbol{x}) \tag{3.59}$$

という形を仮定することができる．

さて，クラス内分散 σ_W^2 は，各クラス l ごとの分散を σ_l^2 としたとき，その（クラスのメンバー数で重みづけた）平均

$$\sigma_W^2 = \frac{1}{n} \sum_{l=1}^{c} n_l \sigma_l^2 \tag{3.60}$$

として定義される．ただし，n_l はクラス l に属するサンプルの数である．σ_l^2 を計算するためにまず，各クラス l に属するサンプルに対する $f(\boldsymbol{x})$ の平均を求めると，

$$\mu_l = \frac{1}{n_l} \sum_{i=1}^{n} \left(\alpha_i \sum_{j:y^{(j)}=l} k(\boldsymbol{x}^{(i)}, \boldsymbol{x}^{(j)}) \right) = \sum_{i=1}^{n} \alpha_i \bar{k}_{i,l} \tag{3.61}$$

となる．ただし，

$$\bar{k}_{i,l} = \frac{1}{n_l} \sum_{j:y^{(j)}=l} k(\boldsymbol{x}^{(i)}, \boldsymbol{x}^{(j)}), \tag{3.62}$$

とおいた．したがって，クラス l のサンプルに対する $f(\boldsymbol{x}^{(j)})$ の分散は

$$\begin{aligned}
\sigma_l^2 &= \frac{1}{n_l} \sum_{j:y^{(j)}=l} (f(\boldsymbol{x}^{(j)}) - \mu_l)^2 \\
&= \frac{1}{n_l} \sum_{j:y^{(j)}=l} \left(\sum_{i=1}^{n} \alpha_i (k(\boldsymbol{x}^{(i)}, \boldsymbol{x}^{(j)}) - \bar{k}_{i,l}) \right)^2 \\
&= \frac{1}{n_l} \sum_{i=1}^{n} \sum_{i'=1}^{n} \left[\alpha_i \alpha_{i'} \sum_{j:y^{(j)}=l} (k(\boldsymbol{x}^{(i)}, \boldsymbol{x}^{(j)}) - \bar{k}_{i,l})(k(\boldsymbol{x}^{(i')}, \boldsymbol{x}^{(j)}) - \bar{k}_{i',l}) \right] \\
&= \boldsymbol{\alpha}^{\mathrm{T}} S_l \boldsymbol{\alpha} \tag{3.63}
\end{aligned}$$

となる．ただし，行列 S_l の i, i' 成分を

$$(S_l)_{ii'} = \frac{1}{n_l} \sum_{j:y^{(j)}=l} (k(\boldsymbol{x}^{(i)}, \boldsymbol{x}^{(j)}) - \bar{k}_{i,l})(k(\boldsymbol{x}^{(i')}, \boldsymbol{x}^{(j)}) - \bar{k}_{i',l}) \tag{3.64}$$

とした．このように σ_l^2 は α についての2次形式で書けるので，

$$\sigma_W^2 = \frac{1}{n}\sum_{l=1}^{c} n_l \sigma_l^2 = \boldsymbol{\alpha}^{\mathrm{T}} V_W \boldsymbol{\alpha}, \tag{3.65}$$

が得られる．V_W は S_l から

$$V_W = \frac{1}{n}\sum_{l=1}^{c} n_l S_l \tag{3.66}$$

によって求められる．

一方，クラス間の分散は各クラスの平均どうしの分散として，

$$\sigma_B^2 = \sum_{l=1}^{c} \frac{n_l}{n}(\mu_l - \mu_T)^2 \tag{3.67}$$

と定義される．ここで μ_T はサンプル全体に関する平均

$$\mu_T = \frac{1}{n}\sum_{i=1}^{n}\left(\alpha_i \sum_{j=1}^{n} k(\boldsymbol{x}^{(i)}, \boldsymbol{x}^{(j)})\right) \tag{3.68}$$

である．μ_l, μ_T が $\boldsymbol{\alpha}$ の 1 次式で書けているから，σ_B^2 も $\boldsymbol{\alpha}$ の 2 次形式となり，

$$\sigma_B^2 = \boldsymbol{\alpha}^{\mathrm{T}} V_B \boldsymbol{\alpha} \tag{3.69}$$

という形になる．

(2) 2 次形式の比の最適化

σ_B^2/σ_W^2 の最大化は一見すると分数という非線形関数の最適化問題のため難しそうに見えるが，実は分母も分子もパラメータの 2 次形式になっていることに注意すると，最適化は次のように考えれば簡単になる．

すなわち，分母・分子とも 2 次形式であれば，$\boldsymbol{\alpha}$ を定数倍しても値は変化しない．そこで分母にある σ_W^2 を定数 1 と仮定しても問題ない．すると，この制約下で分子の σ_B^2 を最大化する問題に帰着される．制約付きの最適化問題はラグランジュの未定乗数法で定式化できる．この場合ラグランジュ関数

$$L(\boldsymbol{\alpha}) = \boldsymbol{\alpha}^{\mathrm{T}} V_B \boldsymbol{\alpha} - \lambda(\boldsymbol{\alpha}^{\mathrm{T}} V_W \boldsymbol{\alpha} - 1) \tag{3.70}$$

の極値問題として解けるが，先にも述べたとおりこのままでは過学習を起こすので，正則化項を加えた

$$\tilde{L}(\boldsymbol{\alpha}) = \boldsymbol{\alpha}^{\mathrm{T}} V_B \boldsymbol{\alpha} - \lambda \left\{ \boldsymbol{\alpha}^{\mathrm{T}} (V_W + \zeta K) \boldsymbol{\alpha} - 1 \right\} \qquad (3.71)$$

を考える必要がある(ζ は正則化パラメータ[*16])．$\tilde{L}(\boldsymbol{\alpha})$ を $\boldsymbol{\alpha}$ について微分すると，

$$V_B \boldsymbol{\alpha} = \lambda (V_W + \zeta K) \boldsymbol{\alpha} \qquad (3.72)$$

という一般化固有値問題として定式化できる．こうして得られた $\boldsymbol{\alpha}$ を式(3.59)に代入して得られた関数が線形判別分析をカーネルにより一般化したカーネル判別分析の解である．

実はこの形は線形判別分析とほとんど同じで，違いは V_B, V_W がカーネル関数によって定義されている点と，正則化項に対応する ζK が加わっている点である．したがって，線形判別分析を実装したプログラムを以下のように変更するだけでカーネル判別分析のプログラムができあがる．

- まず，サンプルをならべた行列 X を入力とする代わりに，グラム行列 K を入力として使ってクラス内・クラス間の分散共分散行列 V_W, V_B を計算する．
- 次に，V_W に ζK を加えたものを改めてクラス内の分散共分散行列とし，一般化固有値問題を解く．

さて，最後に判別分析が満たす特徴的な性質をいくつか列挙しておこう．まず，次のような判別分析と主成分分析との間の関連性が知られている．線形判別分析は，クラス内分散が(平均的に)単位行列となるように線形変換を施してから，クラス平均ベクトルの主成分分析をすることと等価である．つまり，クラス内の分散を偏りがないように補正した上で，できるだけクラス平均ベクトルが散らばるような部分空間を求めているのである．カーネル判別分析についても特徴ベクトルの空間で同じことをしていると解釈できる(図 3.12)．

このことから，判別分析は主成分分析として見ると，クラス平均ベクトルだけしかサンプル数がないと言える．これらのベクトルは常に「クラス数−1」次元の部分空間の上にあるから，判別分析で抽出される部分空間の次元は最大

[*16] この正則化の入れ方にはいろいろあるが，少数のサンプルから計算される V_W のほうが精度が悪いのでこちらに正則化を加えた．

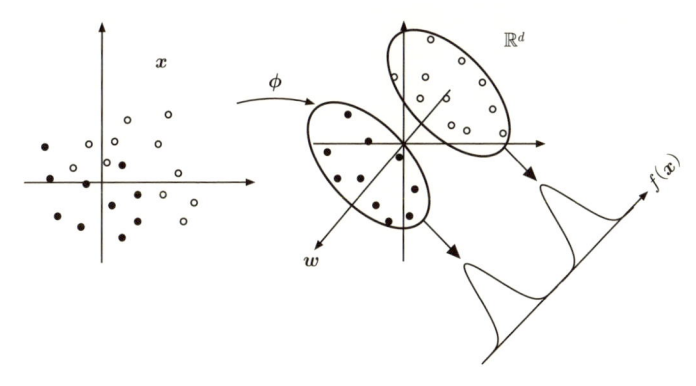

3.4 判別分析と正準相関分析 ◆ 73

図 3.12 カーネル判別分析の概念図．特徴ベクトルの空間に移した後，クラスとクラスをできるだけ分離するような低次元空間への射影を求める．

で「クラス数−1」であることに注意する必要がある（それ以下の固有値は0となる）．これはカーネル判別分析でも変わらない性質であるが，データの分布が非常に複雑でもクラス数が少ない場合には小さな次元の表現しか得られないことが問題となる場合もある．

(b) カーネル正準相関分析

(1) 複数情報源の統合

複数の情報源からのデータが得られたとき，それらの関係を調べたいということがある．たとえば，人間は自分の目の前の状況を認識するのに，音や映像など複数のチャネルからの情報を脳の中で統合する処理を行なっている．この情報の統合という処理はいろいろ難しい側面を含んでいる．まず，それぞれのチャネルの情報は，認識に関係するものも無関係なものも含めたさまざまな情報が集まってできている．たとえば，画像については光の加減や不要な背景など目の前の状況とは無関係な情報によって大きく変化する．音についても同様である．したがって，目の前の状況を把握するためには各情報源に共通して含まれる「認識に必要な情報」だけを抜き出す必要がある．

また近年発達してきたデータマイニングでもこのような情報処理の必要性が高まっている．たとえば顧客データにおいて，客の属性値と買った品物の間の

共起関係を調べたいとか，文書検索などで文書と検索キーワードとの共起関係を調べたいというときに，両者に内在する潜在的な情報(たとえば購買意欲や嗜好性を表わす変量)を抽出することが重要となる．

正準相関分析(CCA=Canonical Correlation Analysis)はこのような状況下で，複数の情報源に共通して含まれる情報だけを抽出することによって，情報を統合するための次元圧縮の手法である．

ここでは二つの多変量 $\boldsymbol{x}, \boldsymbol{y}$ が同時に観測されるという状況を考えよう．$\boldsymbol{x}$ と $\boldsymbol{y}$ の関係を調べるのに，すでに今まで述べた手法を使うことも考えられる．それぞれの問題点をまとめてみよう．

1. まず，関数近似の枠組みとしてとらえ，$\boldsymbol{x}$ から $\boldsymbol{y}$ への関数，あるいは $\boldsymbol{y}$ から $\boldsymbol{x}$ への関数を学習するというやり方が考えられる．この手法では関数の出力が連続値(回帰)か離散値(クラス識別)に限定されてしまう．$\boldsymbol{x}$ や $\boldsymbol{y}$ がより複雑なデータ構造の場合はこのやり方では限界がある．また仮に連続変数どうしだとしても，非常に高次元どうしの関数を直接学習するのはパラメータの数が多すぎて次元の呪いを受けやすい．特に $\boldsymbol{x}$ や $\boldsymbol{y}$ がそれぞれ固有の情報をもっていた場合はそれがノイズとなってしまう．たとえば，音声と画像の対応づけをする場合に，音声から画像の各ピクセルへの関数を学習しても意味のある結果が得られる可能性は低い．

2. 次に，$\boldsymbol{x}$ と $\boldsymbol{y}$ を並べて一つのベクトルとして扱い，教師なし学習の枠組みで次元圧縮をするという方法が考えられる．この手法の問題点は，必ずしも $\boldsymbol{x}$ と $\boldsymbol{y}$ の両方に含まれている情報を取り出してくるとは限らないという点である．

これらの問題点を解決するために，正準相関分析では，$\boldsymbol{x}, \boldsymbol{y}$ をそれぞれ同じ次元の空間に次元圧縮する．以下では簡単のため 1 次元の関数 $f(\boldsymbol{x}), g(\boldsymbol{y})$ という関数を求めることを考えよう．その際，$f(\boldsymbol{x})$ と $g(\boldsymbol{y})$ が $\boldsymbol{x}$ と $\boldsymbol{y}$ に共通して含まれる情報を担うようにするために，それらの間の相関係数が最大になるように関数 f や g を決める．

(2) カーネル正準相関分析

従来からある線形正準相関分析では f, g は $\boldsymbol{x}$ の線形関数に取るが，カーネ

ル正準相関分析では特徴ベクトルの線形関数に拡張する[3][25]．まず，

$$f(\boldsymbol{x}) = \boldsymbol{a}^\mathrm{T}\boldsymbol{\phi}_x(\boldsymbol{x}), \qquad g(\boldsymbol{y}) = \boldsymbol{b}^\mathrm{T}\boldsymbol{\phi}_y(\boldsymbol{y}) \tag{3.73}$$

という形の関数を考える．$\boldsymbol{x}$ と $\boldsymbol{y}$ は形の違うデータなので，特徴抽出も別々の関数 $\boldsymbol{\phi}_x$ と $\boldsymbol{\phi}_y$ を使う（図3.13）．

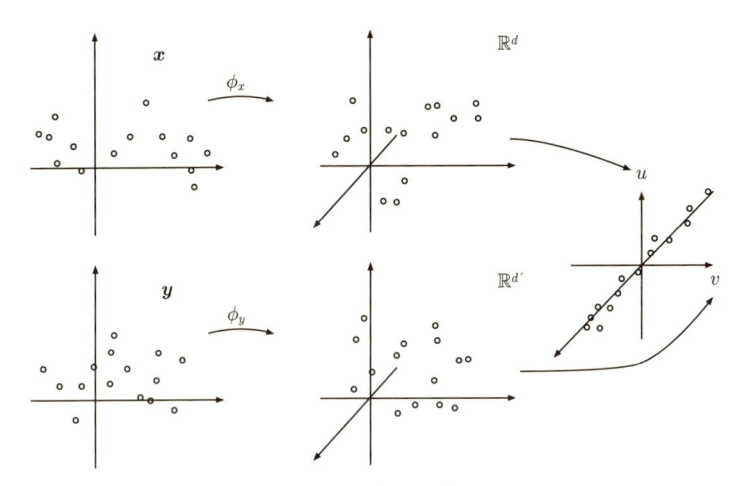

図 **3.13** カーネル正準相関分析の概念図．$\boldsymbol{x}$ と $\boldsymbol{y}$ それぞれを特徴ベクトル $\boldsymbol{\phi}_x(\boldsymbol{x}), \boldsymbol{\phi}_y(\boldsymbol{y})$ に変換してから線形変換により，同じ次元の部分空間（それぞれ図の u 軸と v 軸に対応）に射影し，相関ができるだけ大きくなるようにする．

正準相関分析ではサンプル相関係数

$$\rho_n = \mathrm{Cor}_n[f(\boldsymbol{x}), g(\boldsymbol{y})] = \frac{\mathrm{Cov}_n[f(\boldsymbol{x}), g(\boldsymbol{y})]}{\sqrt{\mathrm{Var}_n[f(\boldsymbol{x})]}\sqrt{\mathrm{Var}_n[g(\boldsymbol{y})]}} \tag{3.74}$$

の最大化が目的である．ここで，Cor は相関，Cov は共分散，Var は分散を示す．ただし，回帰分析や判別分析同様，正準相関分析でもこのままだと関数の記述能力が高すぎるので，サンプルに対しては相関係数が1となるようなパラメータ $\boldsymbol{a}$ や $\boldsymbol{b}$ が求められてしまうが，これは過学習の状況であり，サンプル以外のデータに対しては意味のない結果しか得られない．

そこで，ここでも正則化を行なうことにし，リプレゼンター定理が適用できるように $\zeta_x\|\boldsymbol{a}\|^2 + \zeta_y\|\boldsymbol{b}\|^2$ を正則化項として選ぶ（ζ_x, ζ_y は正則化パラメータ）．

すると, $f(\boldsymbol{x}), g(\boldsymbol{y})$ はサンプル点におけるカーネル関数を使って

$$f(\boldsymbol{x}) = \sum_{i=1}^{n} \alpha_i k_x(\boldsymbol{x}^{(i)}, \boldsymbol{x}), \quad g(\boldsymbol{y}) = \sum_{i=1}^{n} \beta_i k_y(\boldsymbol{y}^{(i)}, \boldsymbol{y}), \qquad (3.75)$$

という形で書ける. k_x, k_y は $\boldsymbol{x}, \boldsymbol{y}$ それぞれの特徴ベクトルの内積で定義されるカーネル関数

$$k_x(\boldsymbol{x}, \boldsymbol{x}') = \boldsymbol{\phi}_x(\boldsymbol{x})^{\mathrm{T}} \boldsymbol{\phi}_x(\boldsymbol{x}'), \quad k_y(\boldsymbol{y}, \boldsymbol{y}') = \boldsymbol{\phi}_y(\boldsymbol{y})^{\mathrm{T}} \boldsymbol{\phi}_y(\boldsymbol{y}') \qquad (3.76)$$

である.

相関係数を計算するためにまず, $f(\boldsymbol{x})$ と $g(\boldsymbol{y})$ の分散や共分散を計算する. 分散はカーネル主成分分析で考えた式 (3.22) と同じで,

$$\mathrm{Var}_n[f(\boldsymbol{x})] = \frac{1}{n} \boldsymbol{\alpha}^{\mathrm{T}} K_x J_n K_x \boldsymbol{\alpha}, \qquad (3.77)$$

$$\mathrm{Var}_n[g(\boldsymbol{y})] = \frac{1}{n} \boldsymbol{\beta}^{\mathrm{T}} K_y J_n K_y \boldsymbol{\beta}, \qquad (3.78)$$

となる. 同様にして, $f(\boldsymbol{x})$ と $g(\boldsymbol{y})$ の共分散は

$$\begin{aligned}
&\mathrm{Cov}_n[f(\boldsymbol{x}), g(\boldsymbol{y})] \\
&= \frac{1}{n} \sum_{j=1}^{n} \left[\sum_{i=1}^{n} \alpha_i \left(k_x(\boldsymbol{x}^{(i)}, \boldsymbol{x}^{(j)}) - \frac{1}{n} \sum_{l=1}^{n} k_x(\boldsymbol{x}^{(i)}, \boldsymbol{x}^{(l)}) \right) \right] \times \\
&\quad \left[\sum_{i=1}^{n} \beta_i \left(k_y(\boldsymbol{y}^{(i)}, \boldsymbol{y}^{(j)}) - \frac{1}{n} \sum_{l=1}^{n} k_y(\boldsymbol{y}^{(i)}, \boldsymbol{y}^{(l)}) \right) \right] \\
&= \frac{1}{n} \boldsymbol{\alpha}^{\mathrm{T}} K_x J_n K_y \boldsymbol{\beta}
\end{aligned} \qquad (3.79)$$

と書ける.

これで相関係数 ρ_n を最大にするための道具立てはそろった. 相関係数も, 分数の最適化問題になっていて一見複雑に見えるが, 判別分析の場合と同様に分母や分子に現れるものはやはり 2 次形式なので, 固有値問題に帰着させることができる. すなわち, $\boldsymbol{\alpha}$ や $\boldsymbol{\beta}$ を定数倍しても相関係数の値は変化しないので, 相関係数の分母にある $\mathrm{Var}_n f(\boldsymbol{x})$ と $\mathrm{Var}_n g(\boldsymbol{y})$ はともに 1 であると仮定してよい. その制約下で, 共分散を最大にすれば解が求められることがわかる. ラグランジュの未定乗数法を適用すると, 正則化項も含めて

$$L(\boldsymbol{\alpha}, \boldsymbol{\beta}) = \boldsymbol{\alpha}^{\mathrm{T}} K_x J_n K_y \boldsymbol{\beta} - \frac{\lambda_x}{2} \boldsymbol{\alpha}^{\mathrm{T}} (K_x J_n K_x + \zeta_x K_x) \boldsymbol{\alpha}$$
$$- \frac{\lambda_y}{2} \boldsymbol{\beta}^{\mathrm{T}} (K_y J_n K_y + \zeta_y K_y) \boldsymbol{\beta} \tag{3.80}$$

というラグランジュ関数の極値問題として解くことができる．ここで，正則化項は $\boldsymbol{\alpha}, \boldsymbol{\beta}$ それぞれの 2 次形式なので，制約項の部分に入れ込んだ形で書いた．つまり，もともと分散が 1 という制約だったのは，正則化と合わせて

$$\boldsymbol{\alpha}^{\mathrm{T}} (K_x J_n K_x + \zeta_x K_x) \boldsymbol{\alpha} = \boldsymbol{\beta}^{\mathrm{T}} (K_y J_n K_y + \zeta_y K_y) \boldsymbol{\beta} = 1 \tag{3.81}$$

という制約に変更することに相当する．

さて，$L(\boldsymbol{\alpha}, \boldsymbol{\beta})$ を $\boldsymbol{\alpha}, \boldsymbol{\beta}$ についてそれぞれ微分して $\mathbf{0}$ とおけば，

$$K_x J_n K_y \boldsymbol{\beta} = \lambda_x (K_x J_n K_x + \zeta_x K_x) \boldsymbol{\alpha} \tag{3.82}$$

$$K_y J_n K_x \boldsymbol{\alpha} = \lambda_y (K_y J_n K_y + \zeta_y K_y) \boldsymbol{\beta} \tag{3.83}$$

となる．ここで 上の式のそれぞれの両辺に $\boldsymbol{\alpha}^{\mathrm{T}}, \boldsymbol{\beta}^{\mathrm{T}}$ を左から掛けると，左辺はいずれも

$$\boldsymbol{\alpha}^{\mathrm{T}} K_x J_n K_y \boldsymbol{\beta} \tag{3.84}$$

になる (これは最大化したい相関の値になっている)．そこで右辺どうしを比較すると，式(3.81)の制約条件から $\lambda_x = \lambda_y$ が成り立つことがわかる．したがってそれを改めて λ と書くことにすると，λ は (正則化付きの) 相関に等しいのでできるだけ大きな λ を選ぶ必要がある．これは，

$$\begin{pmatrix} O & K_x J_n K_y \\ K_y J_n K_x & O \end{pmatrix} \begin{pmatrix} \boldsymbol{\alpha} \\ \boldsymbol{\beta} \end{pmatrix}$$
$$= \lambda \begin{pmatrix} K_x J_n K_x + \zeta_x K_x & O \\ O & K_y J_n K_y + \zeta_y K_y \end{pmatrix} \begin{pmatrix} \boldsymbol{\alpha} \\ \boldsymbol{\beta} \end{pmatrix} \tag{3.85}$$

という一般化固有値問題になり，最大固有値に対応する固有ベクトルが解となる．

図 3.14 にカーネル正準相関分析の実行例を示す．$\boldsymbol{x}, \boldsymbol{y}$ は共に 2 次元ベクト

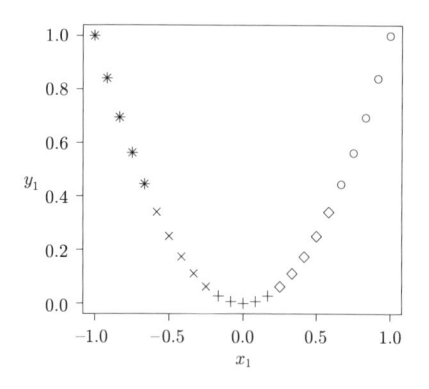

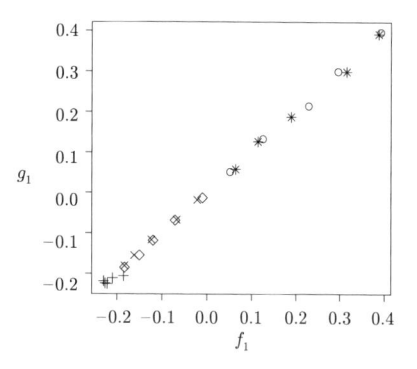

図 3.14 カーネル正準相関分析の実行例.左は x_1, y_1 のプロット(x_2, y_2 は独立な正規乱数($\mu=0$, $\sigma^2=1$)).右は正準相関分析により相関係数最大の空間に移した $f(\boldsymbol{x}), g(\boldsymbol{y})$ のプロット.

ルとし,以下のように生成されたものである.まず,x_1 は $[-1,1]$ に等間隔で取られた 25 個の点で,y_1 はその 2 乗を取ったものである.x_1 の大きさ順に $*, \times, x, +, \diamond, \circ$ という記号を割り振った.次に,x_2, y_2 はそれぞれ独立な正規分布から作った乱数である.まとめると,x_1 と y_1 は関数関係にあり,$\boldsymbol{x}, \boldsymbol{y}$ に共通して含まれる成分であり,一方 x_2, y_2 は両者それぞれ独自の因子であると考えられる.このデータから共通因子を抽出するのに,ほかの解析法ではなかなかうまくいかない.まず,x_2 や y_2 の方が x_1 や y_1 よりも大きな分散をもつので,それぞれを主成分分析しても共通因子である x_1 や y_1 は抽出されない.また,x_1 と y_1 の相関係数は 0 なので,線形の正準相関分析ではそれらの関係を抽出できない.特徴ベクトルの空間に移してはじめて x_1 と y_1 の非線形(この場合 2 次関数)の関係が抽出できるのである.実際にカーネル正準相関分析を行なった結果が図 3.14 の右の図で,x_1 と y_1 をそれぞれ非線形変換したものになっている.おおまかに見れば,$f(\boldsymbol{x})=x_1{}^2$, $g(\boldsymbol{y})=y_1$ をそれぞれ多少ゆがませたような結果とみることができる.

(3) カーネル正準相関分析の問題点

線形の正準相関分析では,$\boldsymbol{x}, \boldsymbol{y}$ が結合正規分布であるとき,相関係数を最

大にすることが x と y の間の相互情報量を最大にする次元圧縮と等価になる．したがって，その場合は本当の意味で x, y に共通して含まれる情報を抽出していることになっている．また，x, y に対して任意に正則な線形変換をほどこしても結果が変わらないという変換に対する不変性がある．

しかしながら一般にカーネル関数を使って非線形変換に広げてしまうとそれらの性質は一般に成り立たないことに注意する必要がある．たとえば，すべてのデータを1点に移す，つまり $f(x), g(y)$ を定数関数にするというのは明らかに無意味な変換である．これを避けるために分散が1であるという制約条件を入れているのだが，たとえばすべてのデータを異なる2点に移すというのはそれでは防げない．線形変換ではそのような変換はありえなかったが，カーネル法では表現能力が高すぎるためそうした変換も可能となってしまう．

そういった観点からすると，相関係数ではなく相互情報量を直接最大化したくなるが，そうするともはや固有値問題として最適化問題を解くことができなくなってしまう．実際には適切なカーネル関数を選び，正則化パラメータをクロスバリデーションなどで適切に選べば比較的望ましい結果が得られることが実験的に知られている．たとえば，Suetani, Iba, Aihara[75]ではカオス力学系の解析にカーネル正準相関分析を適用し，同期現象の検出などに用いている．また，バイオインフォマティクスなどでも，同じ遺伝子に対する複数の異なる観測データを統合するのに用いられた実例がある([97][69]など)．

3.5 カーネル独立成分分析

独立成分分析(ICA=Independent Component Analysis)は独立性に着目した多変量解析手法として最近注目を集めている[58][7][37]．人間はたくさんの人が話をしている環境であっても，話し相手だけの声を聞き分ける能力をもっている．これをカクテルパーティ効果というが，本節では，このカクテルパーティ効果の数学的なモデルとしても知られる独立成分分析について簡単に述べ，この問題に正準相関分析の枠組みが適用できることを見る．特に，前節までは線形モデルから非線形モデルへの拡張としてカーネル法を導入してきたが，ここではモデルの非線形性ではなく評価規準の非正規性に着目するところ

がここまでの議論と異なるところである.

(a) 独立成分分析の概略

d 個の信号発生源から $s_1(t), s_2(t), \ldots, s_d(t)$ という信号が出てくるとしよう.具体的には d 人の人が同時に話をしているような状況である.これを d 本のマイクを使って観測する.実際にはこの過程は非常に複雑なものとなるが,ここでは思い切り単純化して線形性を仮定する.つまり,i 番目のマイクには $s_j(t)$ の線形重ね合わせ,

$$x_i(t) = \sum_{j=1}^{d} A_{ij} s_j(t) \tag{3.86}$$

が入力されるとする[*17].

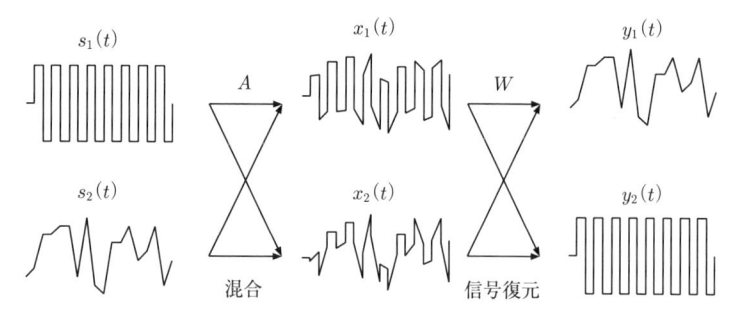

図 3.15 独立成分分析の概念図.複数の信号源からの独立信号 $s_i(t)$ が未知の行列 A で混合されて複数の観測点で $x_j(t)$ として観測される.これを行列 W によって再び独立信号 $y_l(t)$ に分離するのが独立成分分析の目的である.

問題は,A_{ij} が未知の状況で $\boldsymbol{x}(t)=(x_1(t),\ldots,x_d(t))^\mathrm{T}, (t=1,\cdots,n)$ のみを観測し,元の信号 $\boldsymbol{s}(t)=(s_1(t),\ldots,s_d(t))^\mathrm{T}$ を復元することである(図 3.15).何も仮定がなければ復元のしようがないが,$s_i(t)$ は互いに独立であると仮定する.これは話をしている人たちがそれぞれ勝手にしゃべっているような状況である.また,簡単のため $s_i(t)$ は t によらず独立同分布 $p(s_i)$ に従うとする.すると独立性の仮定は

[*17] 非線形の独立成分分析という話もあるが,ここでは簡単のため線形の場合を考える.

と書ける.

$s(t)$ を推定するために,

$$\boldsymbol{y}(t) = W\boldsymbol{x}(t) \tag{3.88}$$

という線形変換を考えよう.仮に A を知っているとすると,$W=A^{-1}$ ならば $\boldsymbol{y}(t)=\boldsymbol{s}(t)$ となるので,$\boldsymbol{s}(t)$ を復元できる.ただし実際には A は未知であり,また,独立な信号はそれぞれをスカラー倍したり,$s_i(t)$ と $s_j(t)$ を入れ替えたりしてもやはり独立性は保たれるので,これらの自由度は残ってしまうことに注意する必要がある.

(b) 主成分分析による無相関化

さて,W はどのように決めればよいだろうか.すぐに思いつくのは無相関な信号を取り出すことで,これは線形の主成分分析でできる.$\boldsymbol{x}^{(1)}, \ldots, \boldsymbol{x}^{(n)}$ は簡単のため平均を $\boldsymbol{0}$ と仮定し,

$$X = (\boldsymbol{x}^{(1)}, \ldots, \boldsymbol{x}^{(n)})^{\mathrm{T}} \tag{3.89}$$

という行列を考える.任意の X は

$$X = U\Lambda V^{\mathrm{T}}, \quad U^{\mathrm{T}}U = V^{\mathrm{T}}V = VV^{\mathrm{T}} = I_d \tag{3.90}$$

と分解できる.ただし Λ は d 次の対角行列である.これを X の特異値分解という.主成分分析は X を $W^{\mathrm{T}}=V/\sqrt{n}$ で変換したものとしてとらえられ,

$$\frac{1}{\sqrt{n}}XV = \frac{1}{\sqrt{n}}U\Lambda \tag{3.91}$$

が主成分分析によって得られた空間での座標値である.こうして得られた表現は無相関な表現になっている.しかし,無相関なだけでは独立とは言えない.主成分分析で得られたデータを各主成分ごとに分散 1 になるようにスケーリ

ングしたものを $\bm{y}(t)$ とすると[*18]，任意の直交行列 R を取って $\bm{y}(t)$ に掛けた $R\bm{y}(t)$ もやはり無相関となる．これは主成分分析の仲間である因子分析において因子回転と呼ばれている回転の自由度である．

(c) 独立性の規準

このように，独立なら無相関だが，無相関だからといって独立とは限らない．そこで，もう一歩進めて信号自身の相関 $\mathrm{Cor}[y_i(t), y_j(t)]$ だけでなく，信号の関数どうしの相関

$$\rho_{f,g} = \mathrm{Cor}[f(y_i(t)), g(y_j(t))] \tag{3.92}$$

を考える．もし $y_i(t)$ と $y_j(t)$ が独立ならどんな f, g をもってきても $\rho_{f,g}$ は 0 になるはずである．逆に，すべての f, g に対して $\rho_{f,g}=0$ が成り立てば $y_i(t)$ と $y_j(t)$ は独立であると言える．そこで，$\rho_{f,g}$ をありとあらゆる関数に取ったときに，その最大値ができるだけ小さければ，それだけ独立性が高いということができる．

ただし，すべての関数について調べるのは無理なので，f も g もカーネル関数の線形和の形の関数

$$f(x) = \sum_j \alpha_j k(x_j, x) \tag{3.93}$$

に限定して考えよう．すると，$\rho_{f,g}$ を最大にするような f, g を求める問題は $y_i(t)$ と $y_j(t)$ の間でカーネル正準相関分析をして最も相関の大きい成分を出すことに対応する．これにより，W を固定したときに，評価規準は計算できるので，その評価規準の値ができるだけ小さくなるように W を適応的に動かしていくことにより独立成分分析(ICA)の問題を解くことができる．これをカーネル独立成分分析と呼ぶ[12][26][31]．

ただし問題が二つある．一つは，W を最適化するのは一般に難しいという計算上の問題である．本書では凸な関数の最適化による定式化を基本としてきたが，カーネル独立成分分析に関しては一般に目的関数が凸ではない．また，

[*18] この操作を白色化(whitening あるいは sphering)という．

もう一つの問題点は「ありとあらゆる関数」から「カーネルの線形和」に限定したことによって，独立性の保証が崩れないかということである．これに関しては，カーネル関数が十分な記述能力をもっていれば(たとえばガウスカーネル)，カーネル関数の線形和で書ける f, g に対して $\max_{f,g} \rho_{f,g} = 0$ となることが，独立性と等価であることが知られている．

4

凸計画問題を用いたカーネル多変量解析

ここまで紹介したほとんどの手法は，古典的な多変量解析の標準的な手法をカーネル関数を使って拡張したものである．本章では，サポートベクトルマシンに代表されるような比較的最近になって開発された手法について述べる．ここでは，固有値問題を解くよりも難しさが一段上の線形計画法や凸二次計画法と呼ばれる計算法が用いられる．

3章で述べた固有値問題を使った手法により,かなりの問題が解けるようになったのに,なぜわざわざ難しい計算法を使わなければならないのだろうか.その理由として主に以下の二つがあげられる.

- **損失関数のロバスト性** 前章までの定式化では二乗誤差のように,パラメータの2次式の損失関数が前提であった.しかしながら,2次関数というのは原点から離れるにつれて急激に増えていくという傾向がある.これはデータに外れ値がある場合に深刻な問題となる.外れ値に大きな誤差を与えすぎると,それを小さくしようとがんばるので他のデータへのあてはめがおろそかになり,結果的にあてはまりの悪い結果が得られてしまう.本章で述べる手法はそのような外れ値に対して頑健な(ロバストな)データ解析を可能とする.

- **結果のスパース性** カーネル法ではカーネル関数の線形和が基本となるが,その数があまりにも多いとその関数を計算するのにいちいち計算量が必要となる.前章までの理論的なよりどころはリプレゼンター定理であり,サンプル数と同じ数のカーネル関数で計算できるように工夫することまではできた.しかしながら膨大なサンプル数を対象にする場合にはそれでもまだ多すぎるということがある.本章で述べる手法から得られる解は,サンプルの中でもほんの一部分だけしか使われない疎な(スパースな)表現になっており,計算量やメモリ量の節約ができるというメリットがある.

以下,この二つの点に注目していろいろな手法を見ていくことにしよう.

4.1 サポートベクトルマシン

まずここでは離散変数を出力とするクラス識別の問題を考える.最初に,単純な最小二乗法に基づく方法について述べ,その損失関数を取り替えることによってサポートベクトルマシンと呼ばれる手法が導かれることを示す.

(a) カーネル最小二乗クラス識別

1章の例で取り上げたカーネル回帰では,逆行列を求めるだけという非常に

単純な処理で分析ができた．離散変数を出力とするようなクラス識別問題も回帰と同じように考えることができることを示そう．ここでは簡単のためクラス数は二つとして説明する．たとえば，電子メールが迷惑メールかどうかを判定するような課題を考えてみればよい．この場合，一方のクラス（たとえば迷惑メールのクラス）に 1，他方のクラス（正常メールのクラス）に -1 という数値を割り当てれば，これは ± 1 に値を取る関数とみなせるので，カーネル回帰によってこの関数を近似することができる．

ただし，カーネル回帰を使ってこの 2 値関数をあてはめると，出力としては ± 1 以外にも連続的な値が出てくるので，これを 2 値の値に変換しなくてはならない．最も典型的なやり方は，出力の符号を見るもので，

$$y = \mathrm{sgn}[f(\boldsymbol{x})] = \begin{cases} 1 & (f(\boldsymbol{x}) \geq 0 \text{ のとき}) \\ -1 & (f(\boldsymbol{x}) < 0 \text{ のとき}) \end{cases} \tag{4.1}$$

によって新たな $\boldsymbol{x}$ が得られたときのクラスの推定値 y を計算する．sgn の中身の $f(\boldsymbol{x})$ は**識別関数**と呼ばれる．ここで $f(\boldsymbol{x}) = \boldsymbol{w}^{\mathrm{T}} \boldsymbol{\phi}(\boldsymbol{x})$ という特徴ベクトルに対する線形の識別関数を考えると，$f(\boldsymbol{x}) = 0$ という超平面で特徴ベクトルの空間を 2 分割し，一方に -1，もう一方に 1 を割り当てることに対応する．

式(4.1)を見ると，$f(\boldsymbol{x})$ の値が 1 に限らず正でありさえすれば，$y = 1$ が出力される．ところが，二乗誤差では $f(\boldsymbol{x})$ が 1 から離れていくに従って，正の値であっても大きい誤差になり得るので，必要以上に厳しいペナルティを課してあてはめを行なっていることになる．これは特に関数の近似能力が低い場合には問題となることがある[*1]．

(b) サポートベクトルマシン：二乗誤差から区分線形誤差へ

(1) クラス識別の誤差比較

クラス識別では，分類した結果が正しいか間違っているかのいずれかなので，損失関数としては正しい出力 $y(=\pm 1)$ と学習した出力値 $\mathrm{sgn}[f(\boldsymbol{x})]$ との誤差である**誤識別関数**

[*1] カーネル関数は近似能力が高いので，多少厳しいペナルティでもそれに対して深刻な影響を受けないだけの余裕がある．したがって，手法の簡便さを考えれば，試してみる価値はある．

$$r_{\text{misclass}}(f(\boldsymbol{x}), y) = \left(\frac{y - \text{sgn}[f(\boldsymbol{x})]}{2}\right)^2 = \frac{1 - y\,\text{sgn}[f(\boldsymbol{x})]}{2} = \frac{1 - \text{sgn}[yf(\boldsymbol{x})]}{2} \tag{4.2}$$

を取るのが自然である．最小二乗ではこの代わりに

$$r_{\text{square}}(f(\boldsymbol{x}), y) = (y - f(\boldsymbol{x}))^2 = (1 - yf(\boldsymbol{x}))^2 \tag{4.3}$$

を使っていることになっている($y = \pm 1$ に注意)．前項(a)で見たように，この二つの損失は，特に $yf(\boldsymbol{x})$ が1より大きい値を取るときに違いが顕著となる．

r_{misclass} の問題点は，これが凸関数ではないことである．1章1.4節(b)で述べたように，凸関数でない損失関数は一般に局所最適解を複数もつため最適化が難しい．そこで凸関数の中で，r_{misclass} にできるだけ近い関数として

$$r_{\text{hinge}}(yf(\boldsymbol{x})) = \max\{0, 1 - yf(\boldsymbol{x})\} \tag{4.4}$$

というものを考えよう．カーネル最小二乗クラス識別において，最小二乗誤差 r_{square} の代わりに r_{hinge} を損失として用いるのがサポートベクトルマシン(SVM=Support Vector Machine)である[*2]．

以上の3つの損失関数はすべて $yf(\boldsymbol{x})$ の関数とみなせるので，$yf(\boldsymbol{x})$ を横軸に取ってこれらをプロットしたのが図4.1である．r_{hinge} は線形関数を組み合わせた区分線形関数であるため，二乗誤差と比べて誤差の増え方がゆるやかであり，外れ値に対するロバスト性をもつと考えられる．

(2) 線形制約問題への変換

サポートベクトルマシンでは，損失関数として r_{hinge} を取るほかは，カーネル回帰と同じである．$f(\boldsymbol{x})$ としてはカーネル関数の線形和を取り，リプレゼンター定理が使えるように2次の正則化を使うと，$f(\boldsymbol{x})$ は

[*2] クラス識別の場合のサポートベクトルマシンをサポートベクトルクラス識別(SVC=Support Vector Classifier)と言い，後で出てくる回帰などの場合も含めてサポートベクトルマシンと呼ぶこともあるが，本書ではサポートベクトルマシンはサポートベクトルクラス識別のことを指すとする．

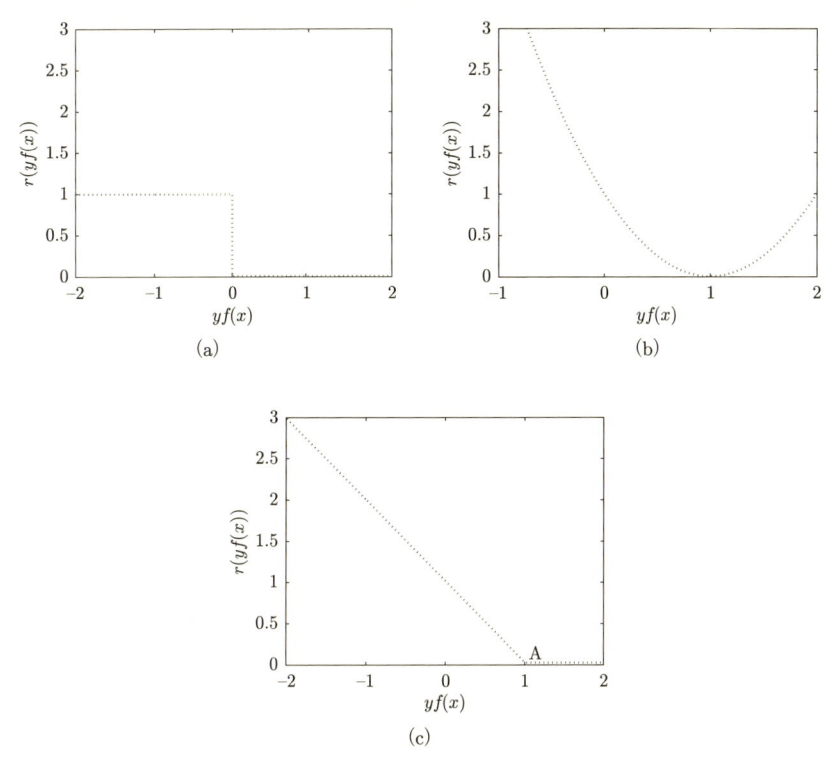

図 **4.1** 2クラス識別の損失関数.(a)誤識別損失 r_{misclass},
(b)二乗損失 r_{square},(c)区分線形損失 r_{hinge}

$$f(\boldsymbol{x}) = \sum_{i=1}^{n} \alpha_i k(\boldsymbol{x}^{(i)}, \boldsymbol{x}) \tag{4.5}$$

と書けるので,

$$\min_{\boldsymbol{\alpha}} \sum_{i=1}^{n} r_{\mathrm{hinge}}(y^{(i)} f(\boldsymbol{x}^{(i)})) + \frac{\lambda}{2} \boldsymbol{\alpha}^{\mathrm{T}} K \boldsymbol{\alpha} \tag{4.6}$$

という最小化問題を解けばよいことになる(第2項が正則化項である).これは凸関数だから最適解は一つしかないことがわかる.

サポートベクトルマシンの定義自体はこれで終わりだが,r_{hinge} は線形関数をつないだものだから,実際に関数値を計算するためには $yf(\boldsymbol{x})$ の値で場合分けが必要となり,最適化が面倒である.そこで以下では,より最適化がやり

やすい形に上の最適化問題を変形する．なぜ「サポートベクトルマシン」と呼ばれるかについてもこの説明の過程で理解できる．

一般に数理計画法の分野では，線形制約式（等式や不等式）を複数並べて1次関数や2次関数を最適化するという定式化を行なう．1次関数なら**線形計画問題**，凸な2次関数のときは**凸二次計画問題**（QP=(convex) quadratic programming）と呼ばれる．

そこで，式(4.6)の最適化関数を凸二次計画問題に変形してみよう．サンプル $\boldsymbol{x}^{(i)}, y^{(i)}$ に対する r_{hinge} 関数の値を ξ_i とすると，ξ_i は区分線形関数を構成する二つの直線の方程式に対応する不等式

$$\xi_i \geq 0, \qquad \xi_i \geq 1 - y^{(i)} f(\boldsymbol{x}^{(i)}) = 1 - y^{(i)} \sum_{j=1}^{n} \alpha_j K_{ij} \qquad (4.7)$$

の両方を同時に満たす ξ_i のうちで最小となる値であることがわかる[*3]．ここで，K_{ij} はグラム行列の i,j 成分，$K_{ij}=k(\boldsymbol{x}^{(i)}, \boldsymbol{x}^{(j)})$ である．式(4.6)を ξ_i を使って置き換えると，式(4.7)の制約のもとで

$$\min_{\boldsymbol{\xi}, \boldsymbol{\alpha}} \sum_{i=1}^{n} \xi_i + \frac{\lambda}{2} \boldsymbol{\alpha}^{\mathrm{T}} K \boldsymbol{\alpha} \qquad (4.8)$$

という $\boldsymbol{\xi}=(\xi_1, \ldots, \xi_n)^{\mathrm{T}}$ と $\boldsymbol{\alpha}$ に関する2次関数の最小化問題，すなわち凸二次計画問題を解くことに帰着できる．これがサポートベクトルマシンの凸二次計画問題としての表現である．後でも触れるように，凸二次計画問題は数理計画法の分野で深く研究されてきた最適化問題であり，これを解くための数値計算パッケージを使えるというのも大きなメリットである．ここで，人工的に生成した2次元の2クラスの点のクラス識別をサポートベクトルマシンを使って学習した例を図4.2に示す（サンプルを区別していろいろな記号をつけている意味は次項以降で明らかになる）．

(c) 解の条件とスパース性

以下では，この最適化問題の性質をさらに詳しく調べることによってサポートベクトルマシンがスパース性をもつことを示すことにしよう．制約付きの最

[*3] このように導入した変数 ξ_i はスラック変数と呼ばれる．

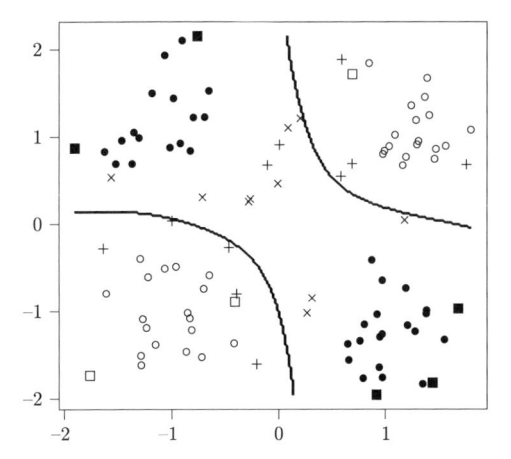

図 4.2 サポートベクトルマシンの実行例．○, □, ＋ が一方のクラスのサンプルで，●, ■, × がもう一方のサンプルを表わす．曲線は 2 つのクラスの識別境界 $f(\boldsymbol{x})=0$ を表わす．○, ●：各クラスのサポートベクトル以外のサンプル ($\alpha_i=0$)，□, ■：サポートベクトルのうち図 4.1(c) の A の点にあるサンプル．＋, ×：それ以外のサポートベクトル ($\alpha_i=\pm 1/\lambda$)．サポートベクトルについては p.93, 95 を参照のこと．

適化問題を解く際の基本となるのは，ラグランジュの未定乗数法である．これはカーネル主成分分析などを導くときにも出てきたが，ここではより詳細に見ていくことにする．

(1) ラグランジュの未定乗数法

上で導いた制約付き最適化問題は，ラグランジュの未定乗数 $\beta_i, \gamma_i (i=1,\ldots,n)$ を導入し，

$$L(\boldsymbol{\xi}, \boldsymbol{\alpha}, \boldsymbol{\beta}, \boldsymbol{\gamma}) = \sum_{i=1}^{n} \xi_i + \frac{\lambda}{2} \boldsymbol{\alpha}^{\mathrm{T}} K \boldsymbol{\alpha} - \sum_{i=1}^{n} \beta_i \xi_i - \sum_{i=1}^{n} \gamma_i (\xi_i - 1 + y^{(i)} \sum_{j=1}^{n} \alpha_j K_{ij})$$
(4.9)

というラグランジュ関数の $\boldsymbol{\xi}, \boldsymbol{\alpha}, \boldsymbol{\beta}, \boldsymbol{\gamma}$ に関する極値問題となる．制約条件は不等式で満たされるので，ラグランジュ乗数は $\beta_i \geq 0$, $\gamma_i \geq 0$ を満たす．

一般に制約付きの凸最適化問題の解が満たす条件をラグランジュ関数によっ

て述べたのが次の定理である．

定理1（カルーシューキューン-タッカー（**Karush-Kuhn-Tucker**）定理）
m 個の不等式制約をもつ最適化問題

$$\min_{\boldsymbol{x}} f(\boldsymbol{x}), \quad g_i(\boldsymbol{x}) \leq 0, \quad i = 1, \ldots, m \tag{4.10}$$

において，f, g_i は微分可能な凸関数であるとする．ラグランジュ関数を

$$L(\boldsymbol{x}, \boldsymbol{\lambda}) = f(\boldsymbol{x}) + \sum_{i=1}^{m} \lambda_i g_i(\boldsymbol{x}) \tag{4.11}$$

とおき，ある正則条件[*4]を満たすと仮定する．

$$\nabla L(\boldsymbol{x}^*, \boldsymbol{\lambda}^*) = \nabla f(\boldsymbol{x}^*) + \sum_{i=1}^{m} \lambda_i^* \nabla g_i(\boldsymbol{x}^*) = 0 \tag{4.12}$$

$$\lambda_i^* \geq 0, \quad g_i(\boldsymbol{x}^*) \leq 0, \quad \lambda_i^* g_i(\boldsymbol{x}^*) = 0, \quad i = 1, \ldots, m \tag{4.13}$$

を満たす $\boldsymbol{x}^*, \boldsymbol{\lambda}^*$ が存在することと，$\boldsymbol{x}^*$ が最適化問題の大域的最適解であることは等価である．また，式(4.12)，(4.13)の条件をカルーシューキューン-タッカー（Karush-Kuhn-Tucker）条件（略してKKT条件）と呼ぶ． □

KKT条件の式(4.12)は大域的最適解がラグランジュ関数の極値として与えられることを意味する．また，式(4.13)の最初の二つの式は $\boldsymbol{\lambda}, \boldsymbol{x}$ がもともと満たすべき制約式である．重要なのは3つ目の式 $\lambda_i^* g_i(\boldsymbol{x}^*) = 0$ である．これは，最適解において λ_i^* が0であるか，不等式制約が等式で満たされる $g_i(\boldsymbol{x}^*) = 0$ のどちらかが満たされることを主張している．この条件を特に**相補性条件**という．

［定理の証明］ここではKKT条件が成り立てば大域的最適解であるという十分性のみ示す．$\boldsymbol{\lambda}^*$ を固定して

$$h(\boldsymbol{x}) = f(\boldsymbol{x}) + \sum_{i=1}^{m} \lambda_i^* g_i(\boldsymbol{x}) \tag{4.14}$$

[*4] 一般にこの正則条件は制約想定と呼ばれ，KKT条件が大域的最適解であるための必要条件を厳密に満たすために必要となるが，通常はあまり気にする必要はない．制約想定の例として，たとえば「$g_i(\boldsymbol{x}_0) < 0 (i = 1, \ldots, m)$を満たす $\boldsymbol{x}_0$ が存在する」という仮定はSlater制約想定として知られている．制約想定のいろいろな形についての詳細や必要条件の証明については数理計画法に関する成書（たとえば[28]）を参照されたい．

とする．f, g_i が凸関数で，$\boldsymbol{\lambda}^* \geq \boldsymbol{0}$ だから，h も凸関数である．$\nabla h(\boldsymbol{x}^*)=\boldsymbol{0}$ より h は $\boldsymbol{x}^*$ で大域的に最小で，任意の $\boldsymbol{x}$ に対して

$$f(\boldsymbol{x}^*)+\sum_{i=1}^{m} \lambda_i^* g_i(\boldsymbol{x}^*) \leq f(\boldsymbol{x})+\sum_{i=1}^{m} \lambda_i^* g_i(\boldsymbol{x}) \tag{4.15}$$

が成り立つ．ここで相補性条件より左辺の第 2 項は 0 で，$\boldsymbol{\lambda}^* \geq \boldsymbol{0}$ より $g_i(\boldsymbol{x}) \leq 0$ を満たす任意の $\boldsymbol{x}$ に対して右辺第 2 項 ≤ 0 だから $f(\boldsymbol{x}^*) \leq f(\boldsymbol{x})$ が成り立つ．(証明終)

(2) スパース性

相補性条件はサポートベクトルマシンのスパース性と関連している．それを見るために，式 (4.9) のラグランジュ関数を α_i で微分して 0 とおいてみよう．

$$\sum_{j=1}^{n}(\lambda K_{ij}\alpha_j - \gamma_j y^{(j)} K_{ji}) = 0, \quad i=1,\ldots,n \tag{4.16}$$

K の対称性より $K_{ij}=K_{ji}$ なので，この式は

$$\lambda K \boldsymbol{\alpha} - K \hat{\boldsymbol{\gamma}} = \boldsymbol{0} \tag{4.17}$$

という行列とベクトルの形で書ける．ただし，

$$\hat{\boldsymbol{\gamma}} = (\hat{\gamma}_1, \ldots, \hat{\gamma}_n)^{\mathrm{T}}, \quad \hat{\gamma}_i = \gamma_i y^{(i)}, \quad i=1,\ldots,n \tag{4.18}$$

とおいた．K が正則であると仮定し，式 (4.17) に左から K^{-1} を掛けると $\boldsymbol{\alpha} = \hat{\boldsymbol{\gamma}}/\lambda$ なので，

$$\alpha_i = \frac{1}{\lambda} \gamma_i y^{(i)} \tag{4.19}$$

が得られる．さてここで式 (4.9) のラグランジュ関数の γ_i に関する項を見ると，相補性条件から $\gamma_i=0$ または $\xi_i=1-y^{(i)}f(\boldsymbol{x}^{(i)})$ のどちらかが成り立つ．$\gamma_i=0$ は $\alpha_i=0$ と等価だから，$\alpha_i \neq 0$ となり得るのは $\xi_i=1-y^{(i)}f(\boldsymbol{x}^{(i)})$ となるサンプルだけである．$\alpha_i \neq 0$ となるサンプル $\boldsymbol{x}^{(i)}$ のことをサポートベクトル (support vector) と呼び，これがサポートベクトルマシンの名前の由来でもある．$f(\boldsymbol{x})$ はサポートベクトルの集合 SV だけを使って

$$f(\boldsymbol{x}) = \sum_{\boldsymbol{x}^{(i)} \in SV} \alpha_i k(\boldsymbol{x}^{(i)}, \boldsymbol{x}) \tag{4.20}$$

と書くことができる．サポートベクトルでは $\xi_i = 1 - y^{(i)} f(\boldsymbol{x}^{(i)})$ という関係が成り立っているので，図 4.1(c) の区分線形関数の折れ曲がりの場所(A の点)か，それより左にある場合がサポートベクトルということになる．逆に A の点より右にあって損失の値が 0 のサンプルはカーネル関数には現れないことになる(図 4.2 の ○, ● のサンプルがそれにあたる)．クラス識別が簡単な問題の場合は損失の値が正の値になることが少ないと考えられるので，サポートベクトルは全体のサンプルに比べてスパースになる．これは式 (4.20) が少ない計算量で計算できることを意味している．

(d) 双対問題による計算の単純化

式 (4.8) の形でも有限次元の凸二次計画問題なので，最適化パッケージを使って解くことはできる．ただし，サポートベクトルマシンでは，もとの凸二次計画問題の双対問題というものを考えると，変数の数を減らしたより単純な凸二次計画問題となる．双対問題についての一般的な説明は付録 A.2 節にまとめた．

ここではサポートベクトルマシンの場合の双対問題を導こう．まず，ラグランジュの未定乗数を固定したときラグランジュ関数 (4.9) の最小値を求めるために，α_i, ξ_i で微分して 0 とおく．α_i についてはすでに微分して 0 とおき，式 (4.19) が導かれた．一方，ξ_i に関しては 1 次式だから，その係数が 0 でないとき，つまり

$$1 - \beta_i - \gamma_i \neq 0 \tag{4.21}$$

のとき，ξ_i に関しては L はいくらでも小さくできる．すなわち双対問題のラグランジュ関数 L_{dual} は $-\infty$ となってしまうので，双対問題を考える際には

$$1 - \beta_i - \gamma_i = 0 \tag{4.22}$$

という制約が入った場合のみを考えればよい．このように，ラグランジュ関数の中で 1 次式となっている変数についてはその係数が 0 となり，サポートベ

クトルマシンの場合，双対問題は ξ_i とは無関係となる．

結果として，双対問題において最大化する関数 $L_{\mathrm{dual}}(\boldsymbol{\beta}, \boldsymbol{\gamma})$ はラグランジュ関数において α_i を式(4.19)で置き換え，式(4.22)の制約条件をつけたものとなる．すなわち，

$$L_{\mathrm{dual}}(\boldsymbol{\beta}, \boldsymbol{\gamma}) = \sum_{i=1}^{n} \gamma_i - \frac{1}{2\lambda} \sum_{i=1}^{n} \sum_{j=1}^{n} y^{(i)} y^{(j)} \gamma_i \gamma_j K_{ij} \tag{4.23}$$

であり，実は $\boldsymbol{\beta}$ にはよらない．また，制約条件(4.22)は，β_i, γ_i が 0 以上という条件から，やはり β_i を使わずに

$$0 \leq \gamma_i \leq 1, \tag{4.24}$$

と書き表わすことができる．こうして解いた γ_i から式(4.19)によって α_i を求めることができる．以上をアルゴリズムの形でまとめると以下のようになる．

サポートベクトルマシン

[1] サンプル $\boldsymbol{x}^{(1)}, \ldots, \boldsymbol{x}^{(n)}$ からグラム行列 K_{ij} を計算する．
[2] L_{dual} ((4.23)式)を $0 \leq \gamma_i \leq 1$ の制約下で最適化する凸二次計画問題を解き，$\boldsymbol{\gamma} = (\gamma_1, \ldots, \gamma_n)^{\mathrm{T}}$ を求める．
[3] 識別関数

$$f(\boldsymbol{x}) = \frac{1}{\lambda} \sum_{\boldsymbol{x}^{(i)} \in SV} \gamma_i y^{(i)} k(\boldsymbol{x}^{(i)}, \boldsymbol{x}), \tag{4.25}$$

を求める．

最後に $\alpha_i \neq 0$ となるサポートベクトルについて補足しておく．前節でスパース性について述べたように，サポートベクトルは損失関数の折れ曲がり点(図 4.1(c) の A の点)にあるか ξ_i が正の値を取るサンプルであるかのどちらかである．後者の場合 $\xi_i \neq 0$ なので，ラグランジュ関数の $\beta_i \xi_i$ に関する相補性条件から $\beta_i = 0$ でなければならない．これは，$\gamma_i = 1$ を意味するが，このようなサンプルについては $\alpha_i = y^{(i)} / \lambda$ となるので，$y^{(i)} = 1$ なら $\alpha_i = 1/\lambda$, $y^{(i)} = -1$ なら $\alpha_i = -1/\lambda$ という定数値を取ることがわかる．

図 4.2 におけるサンプルにつけた記号の分類は，これらサポートベクトルの種類を表わしている．つまり，図の中で □, ■ は損失関数の折れ曲がり点にあ

るサンプル，+，×は損失関数の値が正であるようなサンプルである．

(e) サポートベクトルマシンの幾何的意味：マージン最大化

サポートベクトルマシンは特徴空間において，マージンを最大にする識別関数として説明されることが多い．本書は，カーネル法を統一的に説明するために「損失関数＋正則化項」という形でサポートベクトルマシンを導入したが，ここではマージンについて触れておこう．マージンというのは識別面（$f(\bm{x})=0$ で定義される特徴空間を二つに分ける超平面）とそれぞれのクラスのサンプル集合との最小距離である．ここではとりあえず，それぞれのクラスのサンプルは，識別面によってすべて正しく分類することが可能な状況を考える（ハードマージンという．図 4.3 参照）．

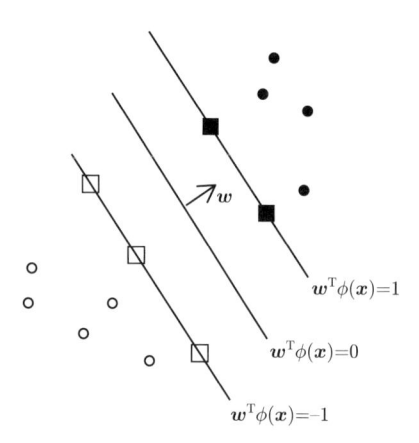

図 4.3 サポートベクトルマシンとマージン．特徴ベクトルの空間で，識別面とサンプル集合との距離ができるだけ離れるようにする．図は誤差がまったくない場合（ハードマージン）で，大きな四角で示したサンプルがサポートベクトルとなる．

$f(\bm{x})=\bm{w}^\mathrm{T}\bm{\phi}(\bm{x})=0$ とサンプルの特徴ベクトル $\bm{\phi}(\bm{x}^{(i)})$ との距離は，$\bm{w}$ が超平面の法線ベクトルであることに注意すると，

$$d_i = \frac{|\bm{w}^\mathrm{T}\bm{\phi}(\bm{x}^{(i)})|}{\|\bm{w}\|} \tag{4.26}$$

で与えられる．w を定数倍しても識別面は変わらないことから，d_i の分子にある $|w^\mathrm{T}\phi(x^{(i)})|$ は 1 以上であるとしても一般性を失わない．ここでは，すべてのサンプルが正しく分類されていると仮定しているので，

$$y^{(i)} w^\mathrm{T} \phi(x^{(i)}) \geq 1 \tag{4.27}$$

という条件と等価である．このとき，マージン，すなわち d_i の最小値は $1/\|w\|$ で与えられるので，マージンの最大化はこの逆数の 2 乗を取って

$$\min_{w} \|w\|^2 \tag{4.28}$$

という最小化問題に帰着される．

さて，実際にはすべてのサンプルを正しく分類してしまうとカーネルの能力が高すぎて過学習を起こしてしまう．また，サンプルにはノイズが含まれていることもあるので，条件を少し緩めて，制約条件(4.27)を破るサンプルを許すことにする．これをソフトマージンという．ただし，その破った分を罰金として最小化関数のほうに加えておく．すなわち，

$$y^{(i)} w^\mathrm{T} \phi(x^{(i)}) \geq 1 - \xi_i \tag{4.29}$$

という制約下で

$$\min_{w,\xi} \|w\|^2 + \frac{1}{\lambda} \sum_{i=1}^{n} \xi_i \tag{4.30}$$

という最小化問題を解くことになる．$1/\lambda$ という係数は制約を破るサンプルに対する罰金の度合を調節している．$w = \sum_{i=1}^{n} \alpha_i \phi(x^{(i)})$ とすれば，$\|w\|^2 = \alpha^\mathrm{T} K \alpha$ となるので，ソフトマージンの最適化問題は前に述べたサポートベクトルマシンの最適化問題(4.8)と本質的に等価になっていることがわかるであろう．

損失関数との関連性について触れておくと，図 4.1(c) の A の点より左のサンプルは（λ を限りなく 0 に近づけることによって）許さないのがハードマージンであり，その場合 A の点にあるサンプルがサポートベクトルとなる．一方，ソフトマージンは A の点の左の点も許し，それらがサポートベクトルとして加わることになる．

(f) サポートベクトルマシンの汎化能力

サポートベクトルマシンの汎化能力についてはさまざまな理論研究が行なわれてきた．そのうちわかりやすくて重要なものは次の二つである．

- 得られたマージン $1/\|w\|$ の値が大きいほど汎化能力が高い．これは二つのクラスが大きく離れていることを意味している．
- サポートベクトルの数が少ないほど汎化能力が高い．つまりサポートベクトルの数が少ないことは計算量を減らすだけでなく汎化能力も高める一石二鳥の役割を果たしている．

前者についての詳しい解析はいろいろと準備を要するので 7 章 7.3 節(d)で詳しく説明することにするが，ここでは後者に関連して，leave-one-out CV 誤差(2 章 2.4 節(b)参照)の上限値がサポートベクトルの数で抑えられることを示そう．

■ leave-one-out バウンド

サポートベクトルマシンの誤識別関数 r_{misclass}(式(4.2))に関する leave-one-out CV 誤差は

$$\frac{\mathrm{SV}\,の数}{n} \qquad (4.31)$$

で上から抑えられる． □

これの証明は単純で，まず，全体のサンプルを学習させた中でサポートベクトルでないサンプルについては，あってもなくても学習結果に影響はない．その場合そのサンプルは正しく識別されているので leave-one-out CV 誤差には寄与しない．一方，サポートベクトルであるようなサンプルについてはそれを抜くと学習結果が変わるので，そのサンプルに対する誤差に寄与するかもしれない．ただし，誤識別関数についてはその誤差は最大 1 である．これらをすべて足し合わせると，leave-one-out CV 誤差の上限は式(4.31)で与えられることがわかる．

4.2 サポートベクトル回帰

(a) 二乗誤差から ϵ-不感応関数へ

回帰問題の場合にも二乗誤差を区分線形関数の誤差にすることによってロバストでスパースな関数を得ることができる．目標値 y と関数の出力 $f(\boldsymbol{x})$ との違い $z=y-f(\boldsymbol{x})$ を 2 乗にすれば最小二乗法となるが，それを次のような区分線形関数に置き換えて考えてみよう．

$$r_\epsilon(z) = \begin{cases} z-\epsilon & (\epsilon \leq z \text{ のとき}) \\ 0 & (-\epsilon \leq z < \epsilon \text{ のとき}) \\ -z-\epsilon & (z < -\epsilon \text{ のとき}) \end{cases} \quad (4.32)$$

これは，ϵ 以下の誤差は目をつぶって損失に加えないという点と，二乗誤差に比べて損失の増え方がゆるやかなので外れ値に対してロバストであるという点が特徴である．r_ϵ は ϵ-不感応 (ϵ-insensitive) 関数と呼ばれる (図 4.4)．カーネル回帰において二乗誤差の代わりに ϵ-不感応関数を使って関数近似をするのがサポートベクトル回帰 (SVR=Support Vector Regression) である．

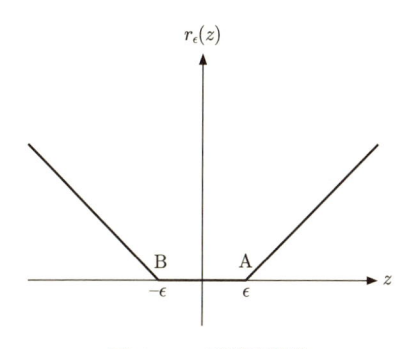

図 4.4　ϵ-不感応関数

サポートベクトルマシンでは二つの直線からなる区分線形関数であったが，サポートベクトル回帰の場合は r_ϵ が 3 本の直線から構成されているので，それに対応した 3 個の制約条件で損失関数を記述する．すなわち，$\xi_i=$

$r_\epsilon(y^{(i)} - f(\boldsymbol{x}^{(i)}))$ とおいたとき，ξ_i は以下の 3 つを同時に満たすものの最小値である[*5]．

$$\xi_i \geq y^{(i)} - f(\boldsymbol{x}^{(i)}) - \epsilon, \quad \xi_i \geq 0, \quad \xi_i \geq -(y^{(i)} - f(\boldsymbol{x}^{(i)})) - \epsilon, \quad i = 1, \ldots, n \tag{4.33}$$

2次の正則化を入れて損失関数を書くと，サポートベクトルマシンの場合と同じく，

$$\min_{\boldsymbol{\xi}, \boldsymbol{\alpha}} \sum_{i=1}^{n} \xi_i + \frac{\lambda}{2} \boldsymbol{\alpha}^{\mathrm{T}} K \boldsymbol{\alpha} \tag{4.34}$$

を上記の制約下で解くというのがサポートベクトル回帰の凸二次計画問題としての表現である．

(b) 双対問題の導出

さて，サポートベクトル回帰の双対問題もサポートベクトルマシンの場合とほとんど同様に導くことができる．

ラグランジュ関数は 3 つの制約式に対応する $\beta_i, \gamma_i^+, \gamma_i^-$ という 3 種類のラグランジュ乗数を使って

$$\begin{aligned}
L(\boldsymbol{\xi}, \boldsymbol{\alpha}, \boldsymbol{\beta}, \boldsymbol{\gamma}^+, \boldsymbol{\gamma}^-) = &\sum_{i=1}^{n} \xi_i + \frac{1}{2} \lambda \boldsymbol{\alpha}^{\mathrm{T}} K \boldsymbol{\alpha} - \sum_{i=1}^{n} \beta_i \xi_i \\
&- \sum_{i=1}^{n} \gamma_i^+ (\xi_i + \epsilon - y^{(i)} + \sum_{j=1}^{n} \alpha_j K_{ij}) \\
&- \sum_{i=1}^{n} \gamma_i^- (\xi_i + \epsilon + y^{(i)} - \sum_{j=1}^{n} \alpha_j K_{ij})
\end{aligned} \tag{4.35}$$

と書ける．これをまず，α_i で微分すると，式 (4.19) と同様に

$$\alpha_i = \frac{1}{\lambda}(\gamma_i^+ - \gamma_i^-) \tag{4.36}$$

となり，ξ_i については 1 次式なので (4.22) と同様にその係数は 0 で，

[*5] オリジナルの導出では，正の側の誤差 ξ_i^+ と負の側の誤差 ξ_i^- というように，各 i について二つのスラック変数を導入することが多いが，ここでは複数の線形不等式を同時に満たすものとして損失関数を一つにしてある．

$$1-\beta_i-\gamma_i^+-\gamma_i^- = 0 \tag{4.37}$$

としてよい．これら二つの式を L に代入すると $\boldsymbol{\gamma}^+, \boldsymbol{\gamma}^-$ に対する最適化問題として，

$$\begin{aligned}L_{\mathrm{dual}}(\boldsymbol{\gamma}^+,\boldsymbol{\gamma}^-) = &-\frac{1}{2\lambda}\sum_{i,j}(\gamma_i^+-\gamma_i^-)(\gamma_j^+-\gamma_j^-)K_{ij} \\ &-\sum_{i=1}^n \gamma_i^-(y^{(i)}+\epsilon)-\sum_{i=1}^n \gamma_i^+(-y^{(i)}+\epsilon)\end{aligned} \tag{4.38}$$

の最大化問題に帰着される．これはやはり β_i には依存せず，制約式も β_i を使わずに

$$0 \leq \gamma_i^+ + \gamma_i^- \leq 1 \tag{4.39}$$

と書くことができる．

結果として，式(4.38)を式(4.39)の制約下で最大化し，γ_i^+, γ_i^- $(i=1,\ldots,m)$ を求め，式(4.36)の関係から，サポートベクトル回帰で求めたい関数

$$f(\boldsymbol{x}) = \frac{1}{\lambda}\sum_{\boldsymbol{x}^{(i)} \in SV}(\gamma_i^+-\gamma_i^-)k(\boldsymbol{x}^{(i)},\boldsymbol{x}) \tag{4.40}$$

を得る．ここで，この場合のサポートベクトルの集合 SV は γ_i^+ か γ_i^- のどちらか一方でも0でないものとする．

図4.5にサポートベクトル回帰の実行例を示す．

(c) サポートベクトル回帰のスパース性

サポートベクトル回帰の場合，γ_i^+ か γ_i^- のどちらかは必ず0になることを相補性条件から示そう．相補性条件とは，「最適解ではラグランジュの未定乗数が0になるか，制約不等式が等式で満たされるかのどちらかが満たされる」ことであった．したがって，γ_i^+ が非0になりえるのは，$y^{(i)}-f(\boldsymbol{x}^{(i)})$ が ϵ より大きく (つまり目標値が関数より上に外れている場合)，損失関数の右肩あがりの部分 (図4.4のAの点かそれより右) にあるときである．なお，このときは γ_i^- に関する不等式は等式になりえないので γ_i^- は0になっている．同様に，γ_i^- が非0になりえるのは，$y^{(i)}-f(\boldsymbol{x}^{(i)})$ が $-\epsilon$ より小さい場合で (図4.4の

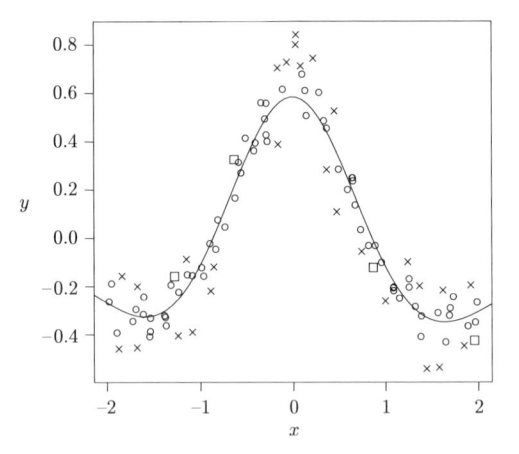

図 4.5 サポートベクトル回帰の実行例．人工的な関数にランダムにノイズを加えて生成した 100 個のサンプルデータへのあてはめ．カーネルはガウスカーネル ($\beta=1$) を用い，$\epsilon=0.1$ とした．つまり，あてはめた関数からのずれが 0.1 以下の誤差は無視される．○：サポートベクトル以外のサンプル ($\alpha_i=0$)，□：サポートベクトルのうち図 4.4 の A,B 点にあるサンプル．×：それ以外のサポートベクトル．

B の点かそれより左)，このとき γ_i^+ は 0 である．また，損失関数の値が 0 になるサンプル(A と B の間)については γ_i^+ も γ_i^- も両方 0 となり，α_i も 0 となる．

以上のことをまとめると，γ_i^+ と γ_i^- のどちらか一方は必ず 0 であり[*6]，サポートベクトルは関数からのずれが ϵ 以上であるようなサンプルであることがわかる．

(d) 損失関数の一般化

本章でこれまで説明したサポートベクトルマシン，サポートベクトル回帰は，いずれも損失関数が区分線形関数の形で表現されており，そこから凸二次計画問題に帰着させることができた．本章の残りで説明するいろいろな手法も基本的にはこの考え方に基づいて導出されるが，もう少しだけ一般化すること

[*6] このことから，制約条件は $0\leq\gamma_i^+\leq 1$, $0\leq\gamma_i^-\leq 1$ のように二つに分けて書くこともでき，オリジナルの導出ではそうなっている．

もできる.

まず考えられる一般化は,r_{hinge} や r_ϵ という関数そのものを使う代わりにその2乗を損失として使うというものである.

これをサポートベクトルマシンの損失関数 r_{hinge} について具体的に考えてみよう.まず,スラック変数としては $\xi_i = r_{\text{hinge}}(y^{(i)}f(\boldsymbol{x}^{(i)}))$ をそのまま使うことにする.すると区分線形関数を複数の不等式の制約としてとらえる部分は変わらない.変わるのは損失関数が式(4.8)の ξ_i を ξ_i^2 に変化させた

$$\min_{\boldsymbol{\xi},\boldsymbol{\alpha}} \sum_{i=1}^n \xi_i^2 + \frac{\lambda}{2} \boldsymbol{\alpha}^{\mathrm{T}} K \boldsymbol{\alpha} \tag{4.41}$$

というものとなり,これはやはり凸二次計画問題である.

サポートベクトルマシンの場合は r_{hinge} 関数を2乗しても誤識別関数に近づくわけではないのでそれほどメリットはない.一方,サポートベクトル回帰の損失関数 r_ϵ を2乗したものを損失とするのは最小二乗法と似た誤差であり,$-\epsilon \sim \epsilon$ のデータを無視することによりスパース性をもつ.したがって,ロバスト性がそれほど必要がなくスパース性が重要な場合にはこれを使う意味があるだろう.

このほかにも本章の後のほうで登場するサポートベクトル領域記述やフーバーのロバスト関数なども単なる区分線形関数ではない拡張を行なっている.凸二次計画問題なので基本的には1次関数や2次関数の組み合わせになるが,どのような設定なら凸二次計画問題に帰着できるかは明確にわかっているわけではない.今後も工夫の余地が残されている部分である.

4.3 損失関数も最適化する:νトリック

ここまで損失関数は固定していたが,損失関数もデータにフィットさせる手法について説明する.ただし,損失関数に自由度を入れすぎて,本来間違って処理されているものの損失が0となったりするなど,損失としての意味を失っては意味がないので注意する必要がある.

（1） 区分線形関数の位置パラメータ

サポートベクトルマシンの損失関数として区分線形関数（式(4.4)）を選んだが，これを平行移動して

$$r_\rho(yf(\boldsymbol{x})) = \max\{0, \rho - yf(\boldsymbol{x})\} \tag{4.42}$$

という，パラメータ $\rho > 0$ をもつ関数を誤差に取ってみよう．$\rho=1$ の場合がもとのサポートベクトルマシンである．これは幾何的なイメージでいうと，マージンの大きさが $\rho/\|\boldsymbol{w}\|$ になったことに対応する．

ρ は小さければ小さいほど，誤差が 0 になる範囲が大きくなっていく．したがって単に ρ を自由に決めてよいとすると $\rho=0$ に収束していってしまい，これはマージンが 0 という状態に対応する．これを防ぐために，最適化関数に $-\rho$ に比例した罰金項を加えて ρ が小さくなりすぎないようにする．

（2） ν-サポートベクトルマシン

以上の議論を最適化問題として書き下してみると，

$$\xi_i \geq 0, \quad \xi_i \geq \rho - y^{(i)} \sum_{j=1}^{n} \alpha_j K_{ij}, \quad \rho \geq 0 \tag{4.43}$$

という制約のもとで

$$\min_{\boldsymbol{\xi}, \boldsymbol{\alpha}, \rho} \frac{1}{n} \sum_{i=1}^{n} \xi_i + \frac{1}{2} \boldsymbol{\alpha}^{\mathrm{T}} K \boldsymbol{\alpha} - \nu \rho \tag{4.44}$$

という最小化問題となる．ただし，ν は正の定数で正則化パラメータの役割を果たす[*7]．このように，区分線形の損失関数の傾きが変化する点のパラメータを最適化する仕組みを $\boldsymbol{\nu}$ トリックと呼ぶ[*8]．

制約式と最適化関数は ρ に関する 1 次関数が加わっただけなので，もとのサポートベクトルマシンと同じく凸二次計画問題であり，双対問題もほとんど同様にして導かれる．導出はほとんど同じなので省略するが，結果として式

[*7] ν を導入したため，サポートベクトルマシンで入っていた正則化パラメータ λ はこの式には入っていないことを注意しておく．このほか，後での議論の都合上 ξ_i の前に $1/n$ を掛けておいた．

[*8] 手法自体はトリックと呼ぶほどのものではないが，2 章 2.2 節で述べたカーネルトリックと対にしてそう呼ばれる．トリックと呼ばれる所以はむしろ後で述べる ν トリックのもつ有用な性質にあると考えられる．

(4.23)に相当する

$$L_{\mathrm{dual}}(\boldsymbol{\gamma}) = -\frac{1}{2}\sum_{i=1}^{n}\sum_{j=1}^{n} y^{(i)}y^{(j)}\gamma_i\gamma_j K_{ij} \tag{4.45}$$

の最大化問題となり，制約条件は

$$0 \leq \gamma_i \leq \frac{1}{n}, \qquad \nu \leq \sum_{i=1}^{n} \gamma_i \tag{4.46}$$

となる．形式的には式(4.23)の第1項が消えて，そのかわりに式(4.46)の第2式によって$\sum_{i=1}^{n}\gamma_i$の下限をおさえたものになっている．この最適化問題を解いて最終的に識別関数は

$$f(\boldsymbol{x}) = \sum_{\boldsymbol{x}^{(i)} \in SV} \gamma_i y^{(i)} k(\boldsymbol{x}^{(i)}, \boldsymbol{x}) \tag{4.47}$$

として求められる．

(3) ν-サポートベクトルマシンの特徴

ν-サポートベクトルマシンでは，νによってサポートベクトルの個数や誤り率を大まかに制御できることが知られている（厳密な証明は省略する）．これはより精密には以下のような事実に基づいている．

- サポートベクトルの全体に対する割合($|SV|/n$)の下限値がνになっている（なぜなら制約式(4.46)を$\gamma_i \leq 1/n$で達成させるには少なくとも$n\nu$個は必要である）．
- 識別の誤り率(Err/n)の上限値がνである（なぜならKKTの条件より式(4.46)の第2式は等号で達成されるが，誤りが起きるようなサンプルではγ_iが最大値$1/n$を取るので，その数は高々$n\nu$個までしか取れない）．
- ゆるやかな正則条件のもとで，下限$|SV|/n$も上限Err/nもサンプル数が増えるにつれて漸近的にνに収束する．

これらの性質があるので，サポートベクトルの数や誤り率をあらかじめ制限したい場合には有用な性質である．

(4) ν-サポートベクトル回帰

νトリックはサポートベクトルマシンに限らず，区分線形関数を用いた最適

化問題なら同じように適用可能である．サポートベクトル回帰の場合には，もともと ϵ というパラメータが入っているので，これについても最適化を行なうことに相当する．ただし，これだと ϵ をどんどん大きくしていけばすべてのサンプルの誤差が 0 となってしまうので，罰金項として ϵ に比例した値を最適化関数に加えておく．すると，もとのサポートベクトル回帰と同じ制約下で，

$$\xi_i \geq y^{(i)} - f(\boldsymbol{x}^{(i)}) - \epsilon, \quad \xi_i \geq 0, \quad \xi_i \geq -(y^{(i)} - f(\boldsymbol{x}^{(i)})) - \epsilon \tag{4.48}$$

$$\min_{\boldsymbol{\xi},\boldsymbol{\alpha},\epsilon} \sum_{i=1}^{n} \xi_i + \lambda \boldsymbol{\alpha}^{\mathrm{T}} K \boldsymbol{\alpha} + \nu \epsilon \tag{4.49}$$

という $\nu\epsilon$ が加わった関数の最小化問題となる．この場合もやはり ϵ については 1 次関数が加わっただけなので凸二次計画問題であり，双対問題も同様に導かれる．

4.4 外れ値・新規性検出

監視システムなどで通常の観測と性質の異なるデータが得られたときにそれを検知したり，インターネット上の配信されるニュースで新規性の高い情報を取り出したりするといった需要が高まっている．これは手に負えないほど多くの情報から，意味のある重要な情報を抽出したいというデータマイニングの原点とも言える問題である．

このような外れ値・新規性検出は，すでに述べたカーネル主成分分析やカーネルクラスタリングでもある程度可能である．たとえば，主成分空間や代表点との距離を測り，距離がある程度以上になったら外れ値とみなすことにより外れ値検出ができる．ただし，どこから先が外れ値かという点については必ずしも明確ではないのと，主成分空間や代表点を決める時点ですでに外れ値の影響を大きく受けた解になってしまっていることが問題となる．以下では凸最適化問題の枠組みで外れ値の影響を受けない形で推定したモデルに基づいて外れ値を検出する方法として 1 クラス ν-サポートベクトルマシンとサポートベクトル領域記述法と呼ばれる方法の二つを紹介する．

(a) 1クラス ν-サポートベクトルマシン

まず，ν トリックを使った外れ値検出について考える．特徴ベクトルとパラメータの内積からなる関数

$$f(\boldsymbol{x}) = \boldsymbol{w}^{\mathrm{T}} \boldsymbol{\phi}(\boldsymbol{x}) \qquad (4.50)$$

を取ると，サンプルは $f(\boldsymbol{x}^{(1)}), \ldots, f(\boldsymbol{x}^{(n)})$ のように1次元のデータとなる．

このデータをしきい値 $\rho>0$ で二つに分け，$\rho \leq f(\boldsymbol{x}^{(i)})$ となるサンプルを正常値，$\rho > f(\boldsymbol{x}^{(i)})$ となるサンプルを外れ値に分類する(図4.6左)．しきい値のどちら側も正常値と定義することはできるが，$\boldsymbol{w}$ がほぼデータのクラスタの向きに対応すると考えると，クラスタは $f(\boldsymbol{x})$ のある値の周辺に集まるはずであり，それに直交するデータは $\boldsymbol{w}$ と内積を取ると0に近い値を取ると考えられる．したがって，あるしきい値以上の値のときを正常と考えるのが自然である．

さて，正常値のクラスはたくさんのデータを含んでいるはずだから，ρ は小さいほどよい．一方，クラスタはできるだけまとまっていてほしいという意味では ρ は逆にできるだけ大きいほうがよい．そこで，ν-サポートベクトルマシンで考えた r_ρ 関数(4.42)を使って

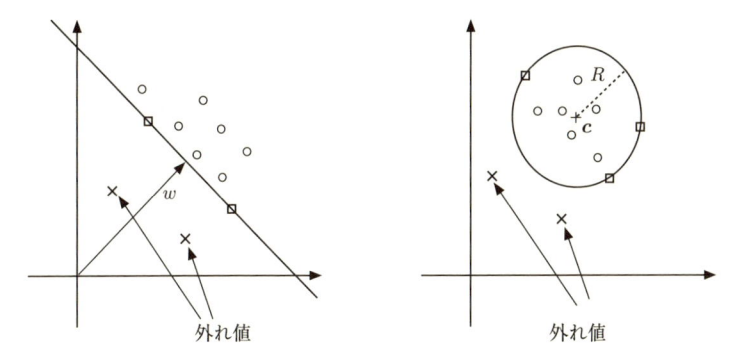

図4.6 外れ値検出法の概念図．左：1クラス ν-サポートベクトルマシン，右：サポートベクトル領域記述法．特徴ベクトルの空間で，それぞれ超平面，球面で外れ値とそれ以外のサンプルを分割する．

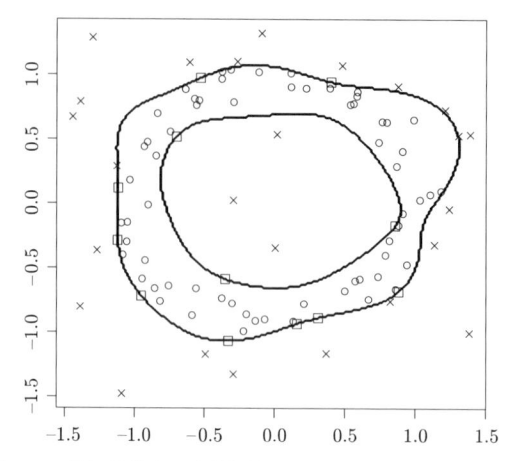

図 4.7 外れ値検出の実行例(1クラス ν-サポートベクトルマシン). サンプルは,原点を中心とする半径 1 の円上のランダムな点に標準偏差 0.1 の等法的な 2 次元正規ノイズを加えた 70 個の点と,$[-1.5, 1.5]^2$ 上の一様分布に従う 30 個の点の合計 100 個の点. ガウスカーネル ($\beta=1$) を用い,$\nu=0.3$ とした. ○:サポートベクトル以外のサンプル(正常値)($\alpha_i=0$),□:サポートベクトルのうち正常値と外れ値の境界上にあるサンプル. ×:それ以外のサポートベクトル(外れ値).

$$r_\rho(f(\boldsymbol{x})) = \max\{0, \rho - f(\boldsymbol{x})\} \tag{4.51}$$

という損失関数を作り,外れ値では正の値を取るようにする. またこの損失を抑えながら ρ を大きくするという規準を考える. ここでもリプレゼンター定理のために 2 次の正則化を行なうと,

$$\min_{\rho>0} \frac{1}{n}\sum_{i=1}^n r_\rho(f(\boldsymbol{x}^{(i)})) + \frac{1}{2}\boldsymbol{\alpha}^\mathrm{T} K \boldsymbol{\alpha} - \nu\rho \tag{4.52}$$

という最適化問題を解くことに帰着され,これは $y^{(i)}$ が入っていない ν-サポートベクトルマシン(4.44)と同じものになっている. 外れ値でないサンプルを一つのクラスとして扱う 1 クラス問題とみなすことができるので 1 クラス ν-サポートベクトルマシンと呼ばれる. 図 4.7 にその数値例を示す.

(b) データを包含する球

1クラスν-サポートベクトルマシンでは超平面で正常値と外れ値とを分離したが,球面で分離するのがサポートベクトル領域記述法(SVDD=Support Vector Domain Description または Support Vector Data Description)である.この場合,できるだけ小さな半径の球にたくさんのサンプルが入るような規準を立てる(図 4.6 右).

特徴空間における中心 c,半径 R というパラメータを取り,中心からの二乗距離が,球からはみ出る場合,つまり,R^2 以上になった部分を損失として加えてやる.すなわち,

$$\min_{R^2,c} \frac{1}{n} \sum_{i=1}^{n} r_{R^2}(\|\phi(x^{(i)})-c\|^2)+\nu R^2 \tag{4.53}$$

となる.ここで,損失関数は

$$r_{R^2}(z) = \max\{0, z-R^2\} \tag{4.54}$$

である.正則化項 νR^2 は球の半径があまり大きくなりすぎるのを抑制している.r_{R^2} も区分的な関数なので二つの制約式に分けることができるが,これまでとは違い,制約式にパラメータ c の2次式が入ってしまうことに注意されたい.一般に,制約のほうが2次関数であるような最適化問題は凸二次計画問題になるとは限らない.ただし,この場合はうまくできていて,凸二次計画問題になるのでそれを示そう.

区分的に定義された損失関数を二つの条件式に分けて表現すると,

$$\min_{R^2,\xi,c} \nu R^2 + \frac{1}{n} \sum_{i=1}^{n} \xi_i \tag{4.55}$$

という最小化問題を,制約条件

$$\xi_i \geq 0, \quad \xi_i \geq \|\phi(x^{(i)})-c\|^2 - R^2 \tag{4.56}$$

のもとで解くことと等価となり,ラグランジュ関数は

$$L(R^2,\boldsymbol{\xi},\boldsymbol{c},\boldsymbol{\beta},\boldsymbol{\gamma}) = \nu R^2 + \frac{1}{n}\sum_{i=1}^{n}\xi_i - \sum_{i=1}^{n}\beta_i\xi_i - \sum_{i=1}^{n}\gamma_i(\xi_i - \|\boldsymbol{\phi}(\boldsymbol{x}^{(i)}) - \boldsymbol{c}\|^2 + R^2) \tag{4.57}$$

となる.まず1次式しか出てこない R^2, ξ_i についてはその係数を0とおいて,

$$\nu = \sum_{i=1}^{n}\gamma_i, \tag{4.58}$$

$$\frac{1}{n} - \beta_i = \gamma_i \tag{4.59}$$

となる.また $\boldsymbol{c}$ について微分して $\boldsymbol{0}$ とおくと[*9],

$$\boldsymbol{c} = \frac{1}{\sum_{i=1}^{n}\gamma_i}\sum_{i=1}^{n}\gamma_i\boldsymbol{\phi}(\boldsymbol{x}^{(i)}) = \frac{1}{\nu}\sum_{i=1}^{n}\gamma_i\boldsymbol{\phi}(\boldsymbol{x}^{(i)}) \tag{4.60}$$

最後の等式は(4.58)による.これを L に代入すれば双対問題の目的関数が得られ,

$$\begin{aligned}L_{\text{dual}}(\boldsymbol{\gamma}) &= \sum_{i=1}^{n}\gamma_i\left\|\boldsymbol{\phi}(\boldsymbol{x}^{(i)}) - \frac{1}{\nu}\sum_{j=1}\gamma_j\boldsymbol{\phi}(\boldsymbol{x}^{(j)})\right\|^2 \\ &= \sum_{i=1}^{n}\gamma_i\left\{K_{ii} - \frac{2}{\nu}\sum_{j=1}^{n}\gamma_j K_{ij} + \frac{1}{\nu^2}\sum_{j,j'}\gamma_j\gamma_{j'}K_{jj'}\right\} \\ &= \sum_{i=1}^{n}\gamma_i K_{ii} - \frac{1}{\nu}\sum_{i=1}^{n}\sum_{j=1}^{n}\gamma_i\gamma_j K_{ij}\end{aligned} \tag{4.61}$$

を $\boldsymbol{\gamma}$ について最大化する問題となる.ここでも式(4.58)を使った.途中の式はごちゃごちゃとしているが式(4.58)が簡単化に有効に働いて,最終的に凸二次計画問題となった.制約式はこの場合もやはり β_i を使わずに,

$$0 \leq \gamma_i \leq \frac{1}{n}, \quad \sum_{i=1}^{n}\gamma_i = \nu \tag{4.62}$$

と書ける.

R^2 は相補性条件から,$\gamma_i \neq 0, \beta_i \neq 0$ のサンプルについて $\xi_i=0$, $\xi_i - \|\boldsymbol{\phi}(\boldsymbol{x}^{(i)}) - \boldsymbol{c}\|^2 + R^2 = 0$ が成り立つので

[*9] この場合もリプレゼンター定理と同様の定理が成立するが,まわりくどくなるので,それは使わずに $\boldsymbol{c}$ から直接解を求める.

$$R^2 = \|\boldsymbol{\phi}(\boldsymbol{x}^{(i)}) - \boldsymbol{c}\|^2, \quad (\gamma_i \neq 0, \frac{1}{n}) \tag{4.63}$$

として求まる(式(4.59)参照).ここで,右辺は式(4.60)から,

$$\|\boldsymbol{\phi}(\boldsymbol{x}) - \boldsymbol{c}\|^2 = k(\boldsymbol{x}, \boldsymbol{x}) - \frac{2}{\nu}\sum_{i=1}^{n}\gamma_i k(\boldsymbol{x}^{(i)}, \boldsymbol{x}) + \frac{1}{\nu^2}\sum_{i=1}^{n}\sum_{j=1}^{n}\gamma_i\gamma_j K_{ij} \tag{4.64}$$

とカーネル関数を使って計算できる.また,新たに $\boldsymbol{x}^{\text{new}}$ が得られたとき,それが外れ値かどうかは,この $\|\boldsymbol{\phi}(\boldsymbol{x}) - \boldsymbol{c}\|^2$ の式に $\boldsymbol{x}^{\text{new}}$ を入れたものが R^2 より大きいかどうかで見てやればよい.最後の項は $\boldsymbol{x}^{\text{new}}$ によらないのであらかじめ計算しておくことができる.

4.5 凸二次計画問題の基本解法

凸二次計画問題を実際に解く場合には,既存の計算パッケージを使うことも多く自らプログラムを作る必要は少ないかもしれないが,ここでは最もよく知られている SMO アルゴリズムの基本的な考え方について簡単に触れておこう.

変数全体の最適化は大変でも,少数の変数だけを最適化することができる場合もある.特に,2変数なら陽に解けるという性質を使ったのが **SMO** (sequential minimal optimization) と呼ばれる手法である.2変数ごとのペアで最適化を行ない,ペアをいろいろ変えて最適化を行なえばよい.

今まで現れた凸二次計画問題は,γ_i, γ_j 以外はすべて固定すると,

$$\max_{\gamma_i, \gamma_j} -Q_{ii}\gamma_i^2 - Q_{jj}\gamma_j^2 - 2Q_{ij}\gamma_i\gamma_j + c_i\gamma_i + c_j\gamma_j \tag{4.65}$$

という形の最適化を制約

$$0 \leq \gamma_i \leq f_i, 0 \leq \gamma_j \leq f_j \tag{4.66}$$

で解くことに帰着される.ここで,$Q_{ii}, Q_{jj}, Q_{ij}, c_i, c_j, d, e, f_i, f_j$ といった定数は問題ごとに γ_i, γ_j 以外の変数を固定することによって計算することができる.さらに,本書では必ずしも常にそうなるというわけではないが,定式化によっては $\gamma_1, \ldots, \gamma_n$ の1次式の等式制約(たとえば $\sum_{i=1}^{n} y^{(i)}\gamma_i = 0$ など)が入

る場合があり，SMOアルゴリズムは特にその場合に有効な方法になっているので，ここではこの等式制約を仮定して説明しよう．その等式制約において，γ_i, γ_j 以外の変数を固定すると $\gamma_j = d\gamma_i + e$ という γ_i と γ_j の1次式が得られる．

SMOアルゴリズムではまず，この等式の制約条件を使って γ_j を消去し γ_i だけの問題にする．ここで，γ_j に関する不等式も考慮して γ_j を消去すると，γ_i の取る値の範囲が変化することにも注意する．

こうして1変数の2次関数をある区間内で最大化する問題に帰着する．これは区間の両端点か2次関数の頂点で最大値を取るので，その3つと制約条件を比べて最大の点を取ればよい．どの i, j を取るかについては自由度があるが，この選び方によってアルゴリズムの収束速度に差が出てくるので，いろいろな工夫が提案されている．

4.6 その他の話題

主に凸計画問題に帰着される典型的な手法について紹介してきた．ここでは，それらの枠組みにおいて若干特殊な，しかし重要な問題についてまとめておく．

(a) L_1 正則化によるスパース化

(1) リプレゼンター定理の縛りを外す

これまでサポートベクトルマシンをはじめとしてすべての手法において，リプレゼンター定理を使うためにパラメータの二乗ノルム $\|\boldsymbol{w}\|^2$ を正則化項として用いてきた[*10]．これはカーネル関数を用いて

$$\boldsymbol{\alpha}^\mathrm{T} K \boldsymbol{\alpha} \tag{4.67}$$

という2次式で表わされる．ここではそれを1次式に入れ替えた，

[*10] ベクトル空間の"長さ"を一般化したものがノルム (norm) である．有限次元のベクトル $\boldsymbol{w} = (w_1, \ldots, w_n)$ に対し，$\|\boldsymbol{w}\|_p = (\sum_{i=1}^n |w_i|^p)^{1/p}$ を p-ノルムといい，特に $p=2$ の場合が二乗ノルム (ユークリッドノルム)，$p=1$ の場合が L_1 ノルムである．

$$\sum_{i=1}^{n} |\alpha_i| \tag{4.68}$$

という正則化項を考える（$\boldsymbol{\alpha}$ の L_1 ノルム）．これはもはや $\boldsymbol{w}$ のノルムとは直接関係しないので，リプレゼンター定理を使うことは一般にできない．そのため，サンプル点の線形和のモデルに限定されるということは保証されなくなる．しかしながら，それでは一般に無限の可能性が出てきてしまうので，理論的正当性は失うことになるが，目をつぶってサンプル点のカーネル関数の線形和の形に限定して最適化を行なう．

L_1 ノルムを考えるメリットの一つは，L_1 ノルムのほうが二乗ノルムよりスパース度が高くなるという点である．また，多くの場合 L_1 正則化のほうが最適化のための計算量が小さくなる．

L_1 正則化では，リプレゼンター定理が使えないため，特徴ベクトルとパラメータの内積という広い範囲の関数クラスで最適化した結果にはなっていない．しかしながら，もともとモデルがサンプル点に限定されたカーネル関数の重みつきの和であると思えば，十分な記述能力がある上にスパース性や計算量などいろいろなメリットが大きいだろう，という割り切った考え方もできる．実際にデータを使った解析結果においても，二乗ノルムの場合とほぼ等価な性能が出ているという報告もある．

（2） lasso：回帰の L_1 正則化

回帰問題に対して L_1 正則化を行なうのは lasso（=least absolute shrinkage and selection operator）と呼ばれている．損失関数は

$$L = \sum_{i=1}^{n} \left(y^{(i)} - \sum_{j=1}^{n} \alpha_j K_{ij} \right)^2 + \lambda \sum_{i=1}^{n} |\alpha_i| \tag{4.69}$$

であり，この最小化は α_j についての凸二次計画問題として解ける．また，二乗誤差のほうも絶対値誤差 $|y^{(i)} - \sum_{j=1}^{n} \alpha_j K_{ij}|$ を使った損失関数に取り替えれば1次式の制約付きの1次関数最適化となる．このような最適化問題は**線形計画問題**（LP=Linear Programming）と呼ばれ，凸二次計画問題よりも高速に解け，特にサンプル数が多くて凸二次計画問題を解くのが大変な場合にはメリッ

トが大きい．

（3） カーネル特徴分析：次元圧縮の L_1 正則化

3.1 節で説明した主成分分析では正則化は必要なかった．これは $\boldsymbol{\alpha}^\mathrm{T} K \boldsymbol{\alpha}=1$ という制約下で分散を最大化したことに由来する．そこでこの制約の部分を，スパース性のためにベクトル $\boldsymbol{\alpha}$ の L_1 ノルム，すなわち $\sum_{i=1}^{n}|\alpha_i|=1$ に変更した制約下で分散最大化を考えよう．これはカーネル特徴分析（KFA=kernel feature analysis）と呼ばれる手法であるが，この問題の解の性質を理解するために重要なのが次の定理である．

定理2（多面体定理）

凸多面体に制約された定義域上での凸関数の最大化問題では，最適解は多面体の頂点のいずれかである[*11]．　□

この定理は直観的に言えば，中に凸多面体の入ったふくらんだ風船をだんだんしぼませていくと最初に風船の面と多面体がぶつかるのは多面体の（辺や面ではなく）頂点になるという主張である．

カーネル特徴分析の制約条件の頂点は原点と各座標軸上の点だから，最適解は座標軸上の点，すなわち一つだけの α_i が 1 でそれ以外は 0 という解になり，n 個の可能性の中から最大値を探すだけの問題となるので大幅に計算量が節約できる．ただし，これは一つの軸を出す場合だけであり，複数の軸を出したい場合には 2 軸目以降をどうするかは問題となる．これについてはいろいろな手法が提案されているが計算量を増やさないようにすることが重要である．たとえば，2 軸目以降は本来座標軸上に最適解が来るとは限らないが，座標軸の上で探すことに限定すれば（すでに 1 軸目を探すところで計算しているので）計算時間をまったく増やさなくてすむ．

（4） サポートベクトルマシンの L_1 正則化

サポートベクトルマシンやサポートベクトル回帰が凸二次計画問題になるのは正則化項の部分が 2 次式だったからであり，これを 1 次式にしてしまえば，

[*11] 最小化問題では一般に成り立たないことに注意．

すべてが 1 次式の線形計画問題になり，サンプル数が大きい場合には最適化の計算量も減り，よりスパースな表現が得られるという意味で有効である．

(b) フーバー型ロバスト推定

回帰問題のロバスト推定において区分線形関数よりもよく知られているのは，フーバー(Huber)の損失関数[36]であろう．これまで述べてきたのとは凸二次計画問題への帰着のさせ方がやや異なるので紹介しておこう[53]．

フーバーの損失関数は，教師出力 y と関数の出力 $f(\boldsymbol{x})$ との差を $z=y-f(\boldsymbol{x})$ とおいたときに

$$r_{\mathrm{Huber}}(z) = \begin{cases} \dfrac{z^2}{2} & (|z| \leq \epsilon \text{ のとき}) \\ \epsilon|z| - \dfrac{\epsilon^2}{2} & (|z| \geq \epsilon \text{ のとき}) \end{cases} \quad (4.70)$$

と定義される損失関数である(図 4.8)．

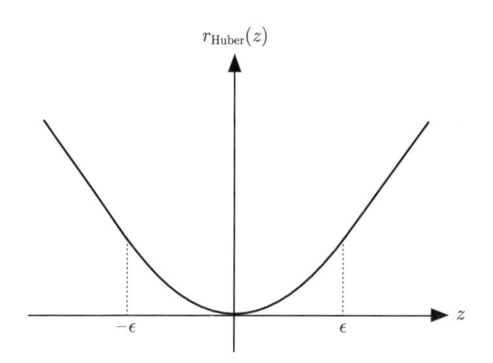

図 4.8 フーバーの損失関数．2 次関数と 1 次関数をなめらかにつないだ形をしている．

原点の近くでは二乗誤差，離れた外れ値領域では線形の誤差で，それらを連続につないだものとなっており，目的によってはこちらのほうが向いていると考えられる．実は，これも凸二次計画問題として解くことができる．

サポートベクトルマシンやサポートベクトル回帰で述べたような区分線形関数(やその 2 乗)ではないので，単純に複数の線形不等式に分解して書き表わ

すことはできないが，フーバーの損失関数には次のような性質がある．

$$r_{\text{Huber}}(z) = \min_{\zeta} \frac{1}{2}\zeta^2 + \epsilon|z-\zeta| \tag{4.71}$$

右辺の最小化を行なう関数は(絶対値が含まれているものの)単純な2次関数であり，最後の絶対値のところだけ制約ありの最適化問題にしてやれば，これは凸二次計画問題として解くことができる．

ただし，フーバー型ロバスト推定では，損失が0となるのが$z=0$のときだけなので，スパース性はなくなってしまうという欠点がある．

(c) カーネルロジスティック回帰：確率モデルによるクラス識別

2章2.3節において，カーネル関数に確率的な意味づけを行ない，カーネル回帰がベイズ推論におけるMAP推定に一致することを示した(式(2.33))．ベイズ推論は，不確かな状況での複雑な推論を可能にしてくれるので，できればカーネル法でも確率的なモデル化と関係していると都合がよい．ここでは2クラスのクラス識別の場合にカーネル法と確率モデルとの関係を調べよう．

カーネル回帰では，関数$f(\boldsymbol{x})$に対する出力yの条件付き確率$p(y|f(\boldsymbol{x}))$と損失関数$r(y, f(\boldsymbol{x}))$の間に

$$r(y, f(\boldsymbol{x})) = -\log p(y \mid f(\boldsymbol{x})) + 定数 \tag{4.72}$$

という関係があったので事後分布の最大化と損失関数の最小化を関係づけることができた．

しかしながら，確率分布は足して1という制約を満たす必要があるため，損失関数が必ずしも条件付き確率に対応づけられるわけではない．実際サポートベクトルマシンやサポートベクトル回帰などでは上記の関係で損失関数を条件付き確率に関係づけることができない．

式(4.72)から，

$$p(y \mid f(\boldsymbol{x})) = 定数 \times \exp(-r(y, f(\boldsymbol{x}))) \tag{4.73}$$

となり，定数は$p(y=1|f(\boldsymbol{x}))+p(y=-1|f(\boldsymbol{x}))=1$を満たすように決められるが，サポートベクトルマシンやサポートベクトル回帰ではその定数がfに依

存してしまうため，f についての最適化をする際に無視することができなくなってしまう．

一方で，(本書の立場では)損失関数は凸関数であってほしいという要請をおいているので，勝手な条件付き確率を使うわけにもいかない．

カーネル回帰の場合はその両方が満たされた運のよいモデルであったということになるが，クラス識別の場合にもいくつかのモデルが知られている．最も代表的なものはロジット(logit)モデルあるいはロジスティック(logistic)モデルと呼ばれる

$$p(y \mid f(\boldsymbol{x})) = \frac{\exp(\beta y f(\boldsymbol{x}))}{\exp(\beta f(\boldsymbol{x})) + \exp(-\beta f(\boldsymbol{x}))}, \qquad \beta > 0 \qquad (4.74)$$

である[55]．これに対応する損失関数は凸となり，$f(\boldsymbol{x})$ にカーネル関数の線形和を用いたクラス識別モデルはカーネルロジスティック回帰と呼ばれる[81][82]．

このほか，正規分布の確率分布関数を使った

$$p(y \mid f(\boldsymbol{x})) = \sqrt{\frac{\beta}{\pi}} \int_{-\infty}^{yf(\boldsymbol{x})} \exp(-\beta x^2) dx \qquad (4.75)$$

と表わされるモデルも対応する損失関数は凸となり，プロビット(probit)モデルと呼ばれる．

これらの $p(y|f(\boldsymbol{x}))$ と対応する $r(y, f(\boldsymbol{x}))$ を $yf(\boldsymbol{x})$ の関数としてプロットしたものを図4.9に示しておく．$p(y|f(\boldsymbol{x}))$ を比較する限り，それほどの違いはないように見えるが，$r(y, f(\boldsymbol{x}))$ の $yf(\boldsymbol{x})$ が大きな負の値を取るときに，ロジットモデルがサポートベクトルマシンのような1次式に近いのに対し，プロビットモデルでは2次式に漸近する様子がわかる．

(d) 多クラス識別

サポートベクトルマシンなどでは2クラス識別を前提とした設計がなされているが，文字認識や音声認識では非常に多数のクラスからなる識別問題を解かなければならない．そのためのアプローチには大まかに言って以下の二つがある．

- 多クラス識別ができるように手法を拡張する

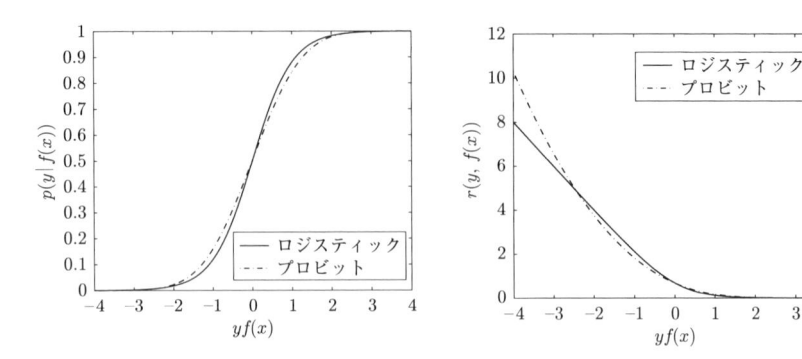

図 4.9 クラス識別のための確率モデル．左：条件付き確率 $p(y|f(\boldsymbol{x}))$, 右：対応する損失関数 $r(y, f(\boldsymbol{x}))$.

- 2クラス識別器を組み合わせて多クラス識別問題を解く

まず前者の多クラス識別向きにサポートベクトルマシンを拡張したものについて説明しよう[20]．クラスが c 個あったときに，$W=(\boldsymbol{w}_1, \boldsymbol{w}_2, \ldots, \boldsymbol{w}_c)$ というクラス数分のパラメータベクトルを用意しておき，特徴ベクトルの空間で，

$$\arg \max_{i=1}^{c} \boldsymbol{w}_i \boldsymbol{\phi}(\boldsymbol{x}^{(i)}) \tag{4.76}$$

という関数を使って識別を行なうというモデルである．損失関数は

$$\min_{W} \sum_{i=1}^{n} r_{\mathrm{multi}}(\boldsymbol{x}^{(i)}, y^{(i)}, W) + \lambda \sum_{j=1}^{c} \|\boldsymbol{w}_j\|^2 \tag{4.77}$$

というものを取る．ただし，

$$r_{\mathrm{multi}}(\boldsymbol{x}^{(i)}, y^{(i)}, W) = \max_{j=1,2,\ldots,c} \{(\boldsymbol{w}_j - \boldsymbol{w}_{y^{(i)}})^{\mathrm{T}} \boldsymbol{\phi}(\boldsymbol{x}^{(i)}) + 1 - \delta_{j,y^{(i)}}\} \tag{4.78}$$

である．右辺の max を取るような j を j^* とおくとき，$j^*=y^{(i)}$ ならば $r_{\mathrm{multi}}(\boldsymbol{x}^{(i)}, y^{(i)}, W)=0$ であり，そうでない場合は

$$r_{\mathrm{multi}}(\boldsymbol{x}^{(i)}, y^{(i)}, W) = (\boldsymbol{w}_{j^*} - \boldsymbol{w}_{y^{(i)}})^{\mathrm{T}} \boldsymbol{\phi}(\boldsymbol{x}^{(i)}) + 1, \tag{4.79}$$

という値を取る．これは誤識別関数の多クラス版である

$$r_{\text{misclass}}(\bm{x}^{(i)}, y^{(i)}, W) = \text{sgn}[(\bm{w}_{j^*} - \bm{w}_{y^{(i)}})^{\text{T}} \bm{\phi}(\bm{x}^{(i)})] \quad (4.80)$$

を区分線形関数で近似したものになっている．

たくさん制約があって複雑だが，基本的には区分線形関数の最適化問題であり，2 クラスのサポートベクトルマシンと構造は似ている．パラメータが増えるぶん計算量が非常に大きくなるので，漢字の文字認識のように非常に多クラスの場合には必ずしも向いているとは言えない．

サポートベクトルマシン以外では，前項(c)で述べたカーネルロジスティック回帰は多クラス向けとされている．なぜなら，カーネルロジスティック回帰は確率モデルと対応づけられており，与えられた入力がどのクラスに属するかの事後確率を計算することができるからである．

一方，現実には計算量や簡便さといった理由から，2 クラス識別器を組み合わせて多クラス問題を解くというアプローチが取られることが多い．

最も単純なのは，各クラスごとに，そのクラスとそれ以外のクラスを分ける識別器を作るという手法である．このやり方を 1 vs all 法と呼ぶ（図 4.10(a)）．この場合クラス数ぶんの識別器ができるが，二つの問題がある．

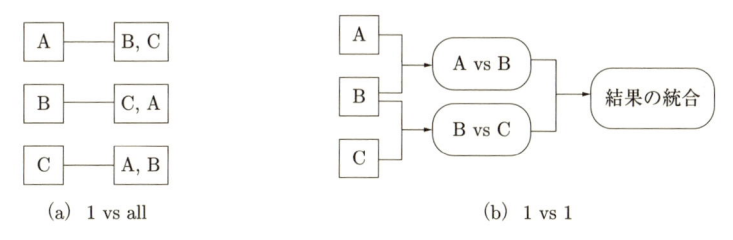

(a) 1 vs all

(b) 1 vs 1

図 4.10 2 クラス識別器の組み合わせによる多クラス識別法

一つはサンプル数の偏りの問題である．たとえばあるクラス A のサンプルは全体の 1% に過ぎないとしよう．すると A と A 以外のクラスを分ける識別器で，常に「A ではない」という出力を出すようにしても誤り率は 1% を達成できるが，明らかにこれでは意味がない．

もう一つの問題点は複数の識別器の出力をどう統合するかということである．運良く一つの識別器だけが「当たり」を出力してくれればよいが，同時に

複数の識別器が「当たり」を出したり，あるいはどの識別器も「はずれ」を出力する場合にはどうすればよいだろうか．一つの方法は，当たりはずれだけではなく，識別関数の出力(実数値)を見てそれらを比べて一番値の大きいクラスに割り振るという方法が考えられる．これは上で述べた多クラスサポートベクトルマシンやカーネルロジスティック回帰と似たやり方ではあるが，サンプル数の偏りの問題がある限りその結果には信頼性がない．

サンプル数の偏りをなくすためには，2クラスに分けたときにどちらのサンプル数も同じくらいになるような識別器を作る必要がある．そのための一つの方法は適当な2クラスを取って，その2クラスのどちらに属するかを分ける識別器を作ることである．これを1 vs 1法という(図4.10(b))．2クラスではなく，いくつかのクラスをまとめて複数クラスと複数クラスを分けるものも考えられ，これをmany vs many法という．これらの方法では，サンプル数の偏りはなくなるが，たとえば1 vs 1法ですべての2クラスのペアを取るとクラス数の2乗のオーダーの識別器ができてしまい，クラス数が多い場合には実用的でなく，実際には一部のペアだけを選んで学習を行なう．このとき，どのペアを選べば最終的に識別能力が高くなるかが問題となる．それから，この場合各識別器は対象となる2クラス以外のサンプルは見ていないので，結果を統合する方法が1 vs all法のときよりも難しくなる．

結果を統合する方法として近年注目されているのがECOC(Error Correcting Output Coding, 誤り訂正出力符号化)法と呼ばれる方法である[23]．これは情報理論における誤り訂正符号の考え方を応用したもので，次のように各クラスに識別器の個数と同じ長さの符号語を割り当てる．もしi番目の識別器がクラスAのサンプルに対して1を出力するように学習されていれば，Aの符号語のi番目のビットは1とする．また，-1を出力するように学習されていれば0とする．1 vs 1やmany vs manyでAが含まれていない識別器であれば不確定を表わす*を入れる．こうして各クラスAに対して符号$f(A)$が作られる．

たとえば図4.10(b)ではA vs B, B vs Cという二つの識別器がある．この二つの識別器に対する各クラスの符号は，

$$f(A) = [1, *], \quad f(B) = [0, 1], \quad f(C) = [*, 0] \qquad (4.81)$$

となる.

一方,ある新規の入力 $\boldsymbol{x}^{\mathrm{new}}$ を識別器に入れると 1 か -1 が出力されるので,$\boldsymbol{x}^{\mathrm{new}}$ に対する符号語 $g(\boldsymbol{x}^{\mathrm{new}})$ ができる.$g(\boldsymbol{x}^{\mathrm{new}})$ はクラスの符号 $f(A)$, $f(B), f(C)$ のどれかに誤差がのって観測されたものとみなし,誤り訂正を行なって $g(\boldsymbol{x}^{\mathrm{new}})$ をいずれかのクラスの符号に対応づけるというのが ECOC 法である.

many vs many や 1 vs 1 などにおいて,ECOC 法による誤り訂正がやりやすいようにクラスの組み合わせを決めることができれば,効率的な組み合わせで精度の高い多クラス識別ができることが期待できる.

5

カーネルの設計

これまでの章では主に，カーネル関数が与えられたという設定のもとでそれを用いた多変量解析の手法についていろいろ説明してきた．本章ではカーネル関数をどのように設計したらよいかという問題について扱う．今までも，たとえば3章3.1節(c)で，データに依存したカーネル関数の設計について述べたし，ガウスカーネルや多項式カーネルといったカーネル関数の具体例も挙げてきた．それではほかにどのような関数がカーネル関数として考えられるのだろうか．また，文字列などの非数値データに対してはどのようにカーネル関数を定義すればよいだろうか．以下ではこれらの問題を順に考えていくことにしよう．

5.1 カーネルの変換と組み合わせ

2 章の 2.2 節で述べたように，カーネル関数は正定値性を満たしさえすればカーネルトリックの考え方を使うことができる．これはカーネル関数を設計する際に大きな自由度を与えるという意味で重要である．ここでは，正定値性を保つようにカーネルを変換したり，また，複数のカーネルがあったときにそれを組み合わせて正定値なカーネルを作る基本的な方法についてまとめておく．これを理解すれば，多項式カーネルやガウスカーネルがどうして正定値なのか，あるいはこのほかにどのような関数が正定値になるのかといったことがわかるようになる．

(a) 基 本 形

特徴ベクトルの内積で計算される関数は正定値カーネルとなる．特徴ベクトルが 1 次元の関数 $g(\bm{x})$ のときはそれらの積からなるカーネル関数

$$k(\bm{x}, \bm{x}') = g(\bm{x})g(\bm{x}') \tag{5.1}$$

を作ることができる．特に $g(\bm{x})$ が常に定数値を取る関数なら，カーネル関数は正の定数となる．

二つのカーネル関数があったとき，その和

$$k_{\mathrm{add}}(\bm{x}, \bm{x}') = k_1(\bm{x}, \bm{x}') + k_2(\bm{x}, \bm{x}') \tag{5.2}$$

は正定値になる．k_{add} が正定値であることは，$k_{\mathrm{add}}, k_1, k_2$ によるグラム行列を $K_{\mathrm{add}}, K_1, K_2$ と書いたとき，任意のベクトル $\bm{\alpha}$ に対して，

$$\bm{\alpha}^{\mathrm{T}} K_{\mathrm{add}} \bm{\alpha} = \bm{\alpha}^{\mathrm{T}} K_1 \bm{\alpha} + \bm{\alpha}^{\mathrm{T}} K_2 \bm{\alpha} \geq 0 \tag{5.3}$$

となり，簡単に示すことができる．

また，カーネル関数の積

$$k_{\mathrm{mul}}(\bm{x}, \bm{x}') = k_1(\bm{x}, \bm{x}') k_2(\bm{x}, \bm{x}') \tag{5.4}$$

も正定値であり，この和と積の関係をもとにどんどん複雑なカーネルを作ることができる．これを示すのは多少面倒だが，6章6.1節(d)で導入するテンソル積カーネルの特別な場合として示すことができる．

(b) 組み合わせの例

このように，カーネルにさまざまな演算を施してもやはりカーネルになるということから，さまざまなカーネルのバリエーションを作ることができる．ここでは，上で述べた基本形を組み合わせることによってできるいくつかの重要なカーネルの形を列挙する．

- 正の定数可算：$k(\boldsymbol{x}, \boldsymbol{x}') + a$, $(a>0)$．これは関数近似の例で言えば，今まで原点を通る直線で考えていたのを原点を通るとは限らない直線に拡張したものとみなすことである．
- 正の定数倍：$ak(\boldsymbol{x}, \boldsymbol{x}')$, $(a>0)$．
- 正定数の線形和：$a_1 k_1(\boldsymbol{x}, \boldsymbol{x}') + a_2 k_2(\boldsymbol{x}, \boldsymbol{x}')$, $a_1, a_2 \geq 0$
- べき乗：$k(\boldsymbol{x}, \boldsymbol{x}')^p$ (p は自然数)．これは自分自身と p 回積を取ったものとみなせる．
- 多項式カーネル：$(\boldsymbol{x}^\mathrm{T}\boldsymbol{x}'+c)^p$．式(2.25)の多項式カーネルは，$\boldsymbol{x}, \boldsymbol{x}'$ の内積 $\boldsymbol{x}^\mathrm{T}\boldsymbol{x}'$ が正定値であることと，それに定数可算，べき乗を組み合わせることにより正定値であることがわかる．
- 指数関数：$\exp(k(\boldsymbol{x}, \boldsymbol{x}'))$．指数関数を Taylor 展開すると

$$\exp(x) = \sum_{m=0}^{\infty} \frac{x^m}{m!} \tag{5.5}$$

なので和と積，定数倍の組み合わせによって正定値であることが言える．
- コンフォーマル変換(conformal transform)：

$$k_\mathrm{conf}(\boldsymbol{x}, \boldsymbol{x}') = g(\boldsymbol{x})g(\boldsymbol{x}')k(\boldsymbol{x}, \boldsymbol{x}') \tag{5.6}$$

これは式(5.1)と $k(\boldsymbol{x}, \boldsymbol{x}')$ の積とみなせる．$g(\boldsymbol{x})$ が $\boldsymbol{x}$ の重要度を表わすような関数だとすると，コンフォーマル変換によって，重要度の高い $\boldsymbol{x}$ との類似度を重視するようなカーネル関数を設計することができる．
- 正規化カーネル：コンフォーマル変換で，特に

$$g(\boldsymbol{x}) = \frac{1}{\sqrt{k(\boldsymbol{x}, \boldsymbol{x})}} \tag{5.7}$$

という関数を取ってできるカーネル

$$k_{\mathrm{norm}}(\boldsymbol{x}, \boldsymbol{x}') = \frac{k(\boldsymbol{x}, \boldsymbol{x}')}{\sqrt{k(\boldsymbol{x}, \boldsymbol{x})}\sqrt{k(\boldsymbol{x}', \boldsymbol{x}')}} \tag{5.8}$$

は，$\boldsymbol{x}=\boldsymbol{x}'$ のとき 1 となり，$\boldsymbol{x}\neq\boldsymbol{x}'$ のときは -1 と 1 の間に値を取る．これは相関係数のように類似度を -1 と 1 の間にスケールしたものと考えられる．

さて，このような組み合わせは実際どのように使われるのだろうか．たとえば，汎化性などを考慮して，考えられるいろいろなカーネルを試して，いいものを選ぶということが可能となる．

また，実数と離散値のように異なる性質をもつデータが混ざっている場合，それらから一度にカーネル関数を設計することが難しい場合がある．そうしたときに，それぞれの部分に対するカーネルを定義してその和や積などをカーネルとして使うことができる．

複数のカーネルを組み合わせるときに，積にするか和にするかは迷うところではあるが，以下のように簡単な場合について考えるとなんとなく定性的な違いは見えてくる．カーネル関数は $\boldsymbol{x}$ と $\boldsymbol{x}'$ の類似度を表わしているが，簡単のため似ていれば 1，似ていなければ 0 という 2 値を取るとしよう．このようなカーネル関数が 2 つあるときに，積を取ると一方のカーネルが 0 だと 0 になってしまう．これは論理積を取っていることに相当する．一方，和を取るとそのような極端なことは起きず，定性的には論理和を取っているのと同じようなものになる．このように，積と和を論理積と論理和としてとらえると設計の際に参考になる．

$\boldsymbol{x}$ と $\boldsymbol{x}'$ がそれぞれ $\boldsymbol{x}=(\boldsymbol{x}_1,\ldots,\boldsymbol{x}_M)$, $\boldsymbol{x}'=(\boldsymbol{x}'_1,\ldots,\boldsymbol{x}'_M)$ のように分割でき，$\boldsymbol{x}$ と $\boldsymbol{x}'$ の各部分 $\boldsymbol{x}_i$ と $\boldsymbol{x}'_i$ に対してカーネル関数 $k_i(\boldsymbol{x}_i, \boldsymbol{x}'_i)$ が定義されている場合を考えよう．さらに，分割の仕方は一通りではないとする．$\boldsymbol{x}$ や $\boldsymbol{x}'$ は実数ベクトルに限らずなんらかの「分割」が定義できる任意のデータ構造で構わない．このとき，和と積を使って

$$k_{\mathrm{conv}}(\boldsymbol{x}, \boldsymbol{x}') = \sum_{\{\boldsymbol{x}_i\},\{\boldsymbol{x}_i'\}} \prod_{i=1}^{M} k_i(\boldsymbol{x}_i, \boldsymbol{x}_i')$$

として定義されるカーネルを畳み込み (convolution) カーネルという [34]．ただし，和はすべての可能な分割の仕方について取る．これを先の論理和・論理積の議論で解釈すれば，$\boldsymbol{x}$ と $\boldsymbol{x}'$ のすべてがマッチするような分割の仕方が一つでもあれば論理和的な効果によって，このカーネルは高い類似度になると考えられる．

(c) 平行移動不変カーネル

入力が実数値ベクトルの空間の場合，$k(\boldsymbol{x}-\boldsymbol{x}')$ という形のカーネル関数が用いられることが多い．これは，$\boldsymbol{x}$ と $\boldsymbol{x}'$ の相対的な位置関係のみからカーネルの値が決まるという平行移動に関する不変性があるからである．

このようなカーネルの代表例はガウスカーネルであるが，以下の定理は，このタイプのカーネルの一般的な特徴づけを与える[*1]．

定理 3（ボホナー (**Bochner**) の定理）
簡単のため 1 次元実数空間を考える．

$$k(x-y) = \int_{-\infty}^{\infty} e^{it(y-x)} \sigma(t) dt \tag{5.9}$$

なる実数値関数 $\sigma(t) \geq 0$ が存在することが k が正定値であるための必要十分条件である． □

これにより，実数空間の確率密度関数のフーリエ変換 (特性関数) はすべて正定値カーネルになることがわかる．たとえば，正規分布のフーリエ変換はやはり正規分布になるので，この観点からもガウスカーネルが正定値であることが言える．

一方，さらにカーネルの形が入力 $\boldsymbol{x}$ の差のノルムの関数 $k(\|\boldsymbol{x}-\boldsymbol{x}'\|)$ の型である場合についていくつか正定値性を判定する条件が知られている．ここではそのうちの一つを紹介しよう．

[*1] フーリエ変換が出てくるので，ここでは複素数値の関数空間を考えていることに注意する．また，ここではカーネル関数として連続なものだけを考える．

定理 4（シェーンバーグ（Schoenberg）の定理）

$k(\|\boldsymbol{x}-\boldsymbol{x}'\|)$ が任意の次元のユークリッド空間に対して正定値であるための必要十分条件は，$k(\sqrt{u})$ が u について $[0,\infty)$ で連続，$(0,\infty)$ で無限回連続微分可能で，

$$(-1)^j \frac{\partial^j k(\sqrt{u})}{\partial u^j} \geq 0, \qquad u \in (0,\infty), \qquad j=0,1,2,\cdots \tag{5.10}$$

を満たすことである[*2]. □

このことからわかることは，$\exp(-\beta\|\boldsymbol{x}-\boldsymbol{x}'\|^p)$ が正定値なのは $0 \leq p \leq 2$ のとき，またそのときに限るということである．ガウスカーネルは $p=2$ の場合であって，実は正定値条件のギリギリのところにあることがわかる．

5.2 グラム行列の設計

3 章 3.1 節 (c) で述べたように，カーネル関数 $k(\boldsymbol{x},\boldsymbol{y})$ ではなくデータ集合に対する正定値行列（グラム行列）K を定めることによってもカーネルを定義することができる．

カーネル関数の場合と同様に，あるグラム行列があったとき，正定値性を保つような変換をしてもやはりグラム行列として使うことができるし，複数のグラム行列の成分どうしの和や積といった演算もやはり正定値性を保つのでグラム行列を組み合わせて新たなグラム行列を作ることもできる．

(a) 正定値でない類似度・距離からの設計

一方，サンプルどうしの類似度が与えられている場合や，距離から式 (3.44) の二重中心化によってグラム行列に変換したときの問題点は，それらが正定値とは限らないことである．正定値とは限らない行列を正定値にする方法としてたとえば以下のような方法がある[*3].

[*2] j の範囲が 0 からではなく 1 以上の整数について成り立つとき，条件付き正定値であるといい，スプライン関数の理論などで重要な役割を果たす．

[*3] ただし，これら 3 つの方法では固有ベクトルは変化しないので，サポートベクトルマシンなどには有効だが固有値問題に帰着されるカーネル主成分分析のような手法ではあまり意味がないことに注意．

- どんな正方行列 K も,単位行列 I_n の λ 倍を加えて $K+\lambda I_n$ とすることによって K のすべての固有値は λ だけ増える.したがって λ を K の最小固有値の絶対値より大きくしておけば正定値行列を作ることができる.
- 上の方法ではすべての固有値がかさ上げされてしまう.そこでいったん $K=UDU^{\mathrm{T}}$ のように固有値展開し,固有値の並んだ対角行列 D の 0 以下の成分を強制的に正の小さい値にした D' を作って $K'=UD'U^{\mathrm{T}}$ という行列を取れば,これは正定値である.
- また,一般に実対称行列 A が与えられたとき,その行列指数関数

$$\exp A = I + A + \frac{1}{2!}A^2 + \frac{1}{3!}A^3 + \cdots \tag{5.11}$$

は正定値である[*4].なぜなら,$\exp A$ の固有値は A の固有値 λ を使って $\exp(\lambda)$ と書け,常に正となるからである.グラム行列が行列指数関数の形で書かれるとき,これを指数(exponential)カーネルと呼ぶ.

(b) 拡散カーネル

指数カーネルの具体例として,3 章 3.2 節(b)のラプラシアン固有マップ法の説明で出てきたグラフのラプラシアンを使った拡散(diffusion)カーネル[50]と呼ばれるカーネルについて説明しよう.グラフのラプラシアン P は式(3.31)で定義されたが,これはグラフ上を熱が伝わっていく物理モデルと対応づけられる.すなわち,図 5.1 に示したように各ノードは x_i という確率変数をもち,それをリンクによって結ばれた他のノード j に対して $W_{ij}x_i$ に比例した値で熱を伝導させる.微分方程式で書けば

$$\frac{d}{dt}\boldsymbol{x} = \alpha P \boldsymbol{x}$$

となり,この解は $\boldsymbol{x}(t)=\exp(\alpha tP)\boldsymbol{x}(0)$ となる.拡散カーネルは $\boldsymbol{x}(0)$ を標準正規分布でランダムに初期化したときの時刻 t における $\boldsymbol{x}(t)$ の共分散行列として定義され,それは $2\alpha tP$ に対する指数カーネル

[*4] これは先に述べたカーネル関数の指数関数とは異なることに注意.カーネル関数の指数関数はグラム行列としては成分ごとに指数関数を作用させていることに相当する.

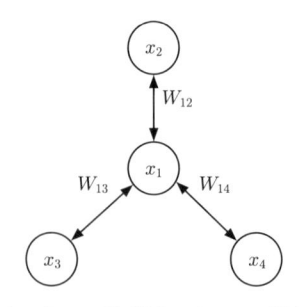

図 5.1　拡散カーネルの模式図．グラフの間を熱が伝わっていく物理モデルと対応づけられる．

$$K_{\mathrm{dif}} = \exp(2\alpha t P)$$

で与えられる．これを拡散カーネルと呼ぶ．

　拡散カーネルは，たとえば複数の Web ページの間の関係をモデル化するのに用いることができる．それぞれの Web ページをグラフのノードに対応させ，ハイパーリンクをそのグラフの枝に対応づけることによって Web ページ全体のグラフ構造とみなす．ハイパーリンクをたどっていろいろな Web ページを閲覧する過程を，グラフ上を熱が伝わる過程とみなすことによって，拡散カーネルを Web ページの間の類似度を表わすものとして考えるのである．

(c) 補助的な情報に基づくグラム行列の設計

　グラム行列を設計する際に，補助的な情報が使える場合がある．これは実際にはさまざまな問題設定が考えられるが，ここではそのうち以下の二つの問題について紹介する．

(1) 複数の類似度行列が与えられている場合．それぞれの類似度行列は信頼性がそれほど高くないので，それらを統合してより精度の高い類似度行列を得たい．

(2) 信頼性が高い類似度行列と信頼性が低い類似度行列が一つずつ与えられている場合．ただし，信頼性が高い方の行列は一部の成分が欠損しているとする．信頼性が低い類似度行列を補助情報として用いてその欠損値を埋めたい．

これらの問題を解くためには，類似度行列全体のなす空間に幾何学的構造を定めることが有用であり，情報幾何という学問体系がその自然な構造を与えてくれる．その理論的な背景については6章6.3節で述べるが，ここで用いる重要な事実は以下の二つである．

- 正定値行列 P 全体の空間 S は，P を座標系と見たときに情報幾何的な意味で「平らな」空間となる．一方，P の逆行列 P^{-1} というのも S の座標系とみなすことができ，この場合も S はこの座標系について「平らな」空間になる．
- n 次正定値行列 P と，正定値行列全体の空間の線形部分空間 M があったとする．点 P から M への自然な射影はダイバージェンスと呼ばれる擬距離

$$D(Q,P) = \frac{1}{2}\{\mathrm{tr}(P^{-1}Q) + \log\det P - \log\det Q - n\} \qquad (5.12)$$

を最小にする M 上の点 Q として与えられる．一方，正定値行列の逆行列 P^{-1} に関する線形部分空間 M があったときには，P から S への自然な射影はダイバージェンスの引数の順序を入れ替えた $D(P,Q)$ を最小にする点 Q として与えられる．

このように，座標系や射影について(互いに双対な関係にある)2種類の自然な定義の仕方があるのが情報幾何の特徴である．

それでは最初に挙げた問題について考えてみよう．いずれも与えられた類似度行列は正定値であると仮定する．

まず，信頼性の低い類似度行列 $P_1, \ldots, P_M$ が与えられたとき，それらの中心を取ることで信頼性の高い行列 Q ができると期待できる．情報幾何の観点からは P_i と Q の間のダイバージェンスの和が最小になるように Q を決めるのが自然であるが，この場合は $\sum_{i=1}^{M} D(P_i, Q)$ を最小にするのと $\sum_{i=1}^{M} D(Q, P_i)$ を最小にするのとどちらも考えられ，それぞれ異なる結果が得られる．前者の場合は

$$Q = \frac{1}{M}\sum_{i=1}^{M} P_i \qquad (5.13)$$

という単純平均になるが，後者については

$$Q = \left(\frac{1}{M} \sum_{i=1}^{M} P_i^{-1} \right)^{-1} \tag{5.14}$$

という行列になる．どちらを選ぶべきかは場合によって異なるが，単純平均ではない式(5.14)のようなものの存在を知っておくのは有用であろう．

次に，信頼性の低い行列 P と，信頼性は高いが一部の成分が欠損している行列 Q があったときに Q の欠損値を埋める問題を考える．簡単のため，Q はブロック行列

$$Q = \begin{pmatrix} Q_{vv} & Q_{vh} \\ Q_{vh}^{\mathrm{T}} & Q_{hh} \end{pmatrix} \tag{5.15}$$

という形をしており，Q_{vv} だけがわかっていると仮定する．Q_{vv} を固定してほかの成分が自由に動く正定値行列全体は，正定値行列の中の線形部分空間 S である．最初に述べた性質 2 から，この場合は P から S への射影は，$D(Q, P)$ を最小とする Q として求めるのが自然である．まず P の逆行列を

$$P^{-1} = \begin{pmatrix} R_{vv} & R_{vh} \\ R_{vh}^{\mathrm{T}} & R_{hh} \end{pmatrix} \tag{5.16}$$

と分解しておけば，式(5.12)から Q^{-1} のうち Q_{vv} ブロック以外の部分が P^{-1} と等しくなるので[*5]

$$Q_{vh} = -Q_{vv} R_{vh} R_{hh}^{-1}, \tag{5.17}$$

$$Q_{hh} = R_{hh}^{-1} + R_{hh}^{-1} R_{vh}^{\mathrm{T}} Q_{vv} R_{vh} R_{hh}^{-1} \tag{5.18}$$

という閉形式で求められる．

Tsuda, Akaho, Asai[86]では，さらに精度の低いグラム行列 P の一部だけの情報を使うことによって，P を点ではなく部分空間として表現し，部分空間どうしの最短距離を求めている．これは EM アルゴリズムと呼ばれる繰り返

[*5] $D(Q, P)$ を微分する際に，対称行列 A, B について
$$\frac{\partial}{\partial A} \mathrm{tr}(AB) = B, \quad \frac{\partial}{\partial A} \log \det A = A^{-1}$$
が成り立つことを使う．

し法により求められる.

詳細は省略するが,これらの問題はより一般に定式化すると,**半定値計画問題**(SDP, semidefinite programming)と呼ばれる問題に帰着される.これは正定値性を満たす行列の線形関数を線形制約のもとで最大化(または最小化)する最適化問題である.グラム行列に関していろいろな形で部分的な情報が与えられる場合などに,それを線形制約として導入することによって正定値行列を作る一般的な手法である.ただし,4章で述べた凸二次計画法などよりも一段難しい凸最適化法となるので計算量は大きいことに注意する必要がある.

5.3 確率モデルに対するカーネル

観測されるデータが,何かの確率モデルから生成されたとみなせる場合も多い.たとえば,パターン認識では正規混合分布モデル,自然言語処理やバイオインフォマティクスでは隠れマルコフモデルなどがよく用いられている.このような場合に,その確率モデルをもとにカーネル関数を設計する手法が考えられている[*6].

(a) フィッシャーカーネル

x がパラメータ θ をもつ確率分布 $p(x;\theta)$ から生成されるとする.まず,確率分布 $p(x;\theta)$ のスコア関数と呼ばれる

$$s(x;\theta) = \left(\frac{\partial \log p(x;\theta)}{\partial \theta_1}, \ldots, \frac{\partial \log p(x;\theta)}{\partial \theta_M} \right)^{\mathrm{T}} \quad (5.19)$$

を計算する.θ は未知であれば,とりあえず任意の θ を使ってもよいし,サンプルから何らかの統計的推定法によって推定したものを使ってもよい.また,$s(x;\theta)s(x;\theta)^{\mathrm{T}}$ を $p(x;\theta)$ に関して平均した

$$G(\theta) = \mathrm{E}_{\theta}[s(x;\theta)s(x;\theta)^{\mathrm{T}}] \quad (5.20)$$

[*6] ただし,ここで述べる確率モデルは,入力に関する分布であり,関数値の確率モデルである正規過程とは異なることに注意.また隠れマルコフモデルなどの確率モデルの詳細については巻末の関連図書[11][49]などを参照のこと.

をフィッシャー(Fisher)情報行列と呼ぶ．

このとき，$\boldsymbol{x}, \boldsymbol{x}'$ に対して，

$$k(\boldsymbol{x}, \boldsymbol{x}'; \boldsymbol{\theta}) = \boldsymbol{s}(\boldsymbol{x}; \boldsymbol{\theta})^{\mathrm{T}} G^{-1}(\boldsymbol{\theta}) \boldsymbol{s}(\boldsymbol{x}'; \boldsymbol{\theta}) \tag{5.21}$$

という関数は特徴ベクトルの内積の形だから正定値であり，フィッシャーカーネルと呼ばれる[42][*7]．

フィッシャーカーネルの一つの特徴は，これが確率モデルのパラメータの取り方に依存しない表現であることである．つまり，$\boldsymbol{\theta}$ とは別のパラメータの取り方 $\boldsymbol{\eta}$ に基づいて計算した $k(\boldsymbol{x}, \boldsymbol{x}'; \boldsymbol{\eta})$ は $k(\boldsymbol{x}, \boldsymbol{x}'; \boldsymbol{\theta})$ に一致する．

さらに，$p(\boldsymbol{x}; \boldsymbol{\theta})$ が特に M 個の分布の重ね合わせからできる混合分布モデル

$$p(\boldsymbol{x}) = \sum_{i=1}^{M-1} \theta_i p_i(\boldsymbol{x}) + (1 - \sum_{i=1}^{M-1} \theta_i) p_0(\boldsymbol{x}) \tag{5.22}$$

であったとしよう．これはデータが M 個のクラスタからなると見ることができるが，クラスタリングやクラス識別を行なうためにはこの情報を失ってしまうと都合が悪い．幸いなことに，このモデルに基づいて計算したフィッシャーカーネルでは $\boldsymbol{x}$ のクラス情報は失われないという性質がある(Tsuda et al.[87])．

(b) 周辺化カーネル

式(5.22)の混合分布モデルは，$\boldsymbol{x}$ が M 個あるうちのどの分布から生成されたものであるかを表わす $h \in \{0, 1, \ldots, M-1\}$ という確率変数を導入することによって，

$$p(\boldsymbol{x}, h) = \theta_h p_h(\boldsymbol{x}) \tag{5.23}$$

という単純な確率モデルになる[*8]．このように，補助的な変数(潜在変数とか隠れ変数と呼ぶ)を導入することによって確率分布を単純化できる場合がある．

[*7] 式(5.21)のように，正定値行列を特徴ベクトルではさんだ 2 次形式の形の関数が正定値になることについては 6 章の式(6.4)を参照のこと．

[*8] $\theta_0 = 1 - \sum_{i=1}^{M-1} \theta_i$ と定義する．

混合分布モデルのほかにも，時系列などに広く応用されている隠れマルコフモデルなども潜在変数を導入すれば単純なマルコフモデルになる．

もし，潜在変数を含めた $\boldsymbol{x}, h$ に関するカーネル関数 $k((\boldsymbol{x}, h), (\boldsymbol{x}', h'))$ が簡単に求められたとしよう．このとき，h, h' を任意の値に固定すれば，これは $\boldsymbol{x}, \boldsymbol{x}'$ のカーネル関数として使うことができる．ただし，どの h, h' を選ぶかは恣意性が残るので，h, h' について平均を取り，

$$k_{\mathrm{mar}}(\boldsymbol{x}, \boldsymbol{x}') = \int k((\boldsymbol{x}, h), (\boldsymbol{x}', h')) dP(h \mid \boldsymbol{x}) dP(h' \mid \boldsymbol{x}').$$

という関数を考えると，これはカーネル関数の(正の)重みつき和だからやはり正定値となる．このカーネル関数を周辺化(marginalized)カーネルと呼ぶ[88]．

特に，$k((\boldsymbol{x}, h), (\boldsymbol{x}', h'))$ として式(5.23)の $p(\boldsymbol{x}, h)$ に対するフィッシャーカーネルを選ぶと，それを h, h' について周辺化して得られる周辺化カーネルは，混合分布モデル式(5.22)から直接定義されるフィッシャーカーネルに一致することが示せる．

5.4 複雑なデータ構造に対するカーネル

(a) カーネル設計の基本方針：分割統治と動的計画法

一口に複雑なデータ構造といっても文字列やグラフなどそのバリエーションは多岐にわたるが，カーネルを定義し，それを計算する戦略にはほぼ一定の決まりがある．データ構造は複雑でも，多くの場合その内部に部分構造をもっている．さらにその部分構造はより細かな部分構造からなるというように，階層的な構造をなしていることが多い．

そこでまず特徴抽出として，その部分構造に着目し，各部分構造の個数などを特徴ベクトルの成分とする．たとえば，文字列 s ならありうる部分文字列 u の個数がベクトルの各成分 $\phi_u(s)$ に対応する．こうしてできた特徴ベクトルの間の内積としてカーネルが計算できる．複雑なデータ構造をもっていても，部分に分けてしまえば単純になるという考え方に基づくもので，広い意味で分割統治法とみなすことができる．

ただし，文字列の例を考えてもわかるように，任意の長さの文字列が取り得るすべての部分文字列の可能性を列挙すると一般に無限次元のベクトルとなってしまう．実際には各文字列に対して非 0 となる成分は有限個であるが，素朴に計算するとすぐに計算量の爆発を引き起こしてしまう．

そこで，大きな部分構造はより小さな部分構造から作られているという階層性に着目すると，カーネルを計算する際に再帰的な漸化式を作ることができる．その漸化式を解く際，「一度計算した結果を再利用する」ことで，不要な計算を省き高速な計算をすることができる．このための方法が ISOMAP でグラフ上の最短経路を求めるために用いた**動的計画法**である（囲み記事参照）．

◆ 動的計画法 ◆

ここでは動的計画法（DP, Dynamic Programming）の仕組みについて簡単に説明しておく．最も単純な例としてフィボナッチ（Fibonacci）数列の例を考えよう．フィボナッチ数列は $F(1)=0, F(2)=1, F(n)=F(n-1)+F(n-2)$ と定義される数列である．これを再帰的な関数として実行すると，n に対して指数時間の関数呼び出しが必要となる．ところが，$F(1), F(2), F(3), \cdots$ のように下から順番に計算していけば n ステップで計算が終了する．これは，たとえば $F(n-1)$ の計算のために必要な $F(n-2), F(n-3)$ というのは，$F(n-2)$ を求める際にすでに計算されている値なのに，再帰計算ではそれを利用せずに同じ計算を何度もしているからである．このように，再帰式で一度計算した値は捨てずに記憶しておくことにより，計算量を減らすというのが基本的な考え方である．

3 章 3.2 節 (c) の ISOMAP で考えた最短経路について同様に，ある点 X から別の点 Y までの最短経路は，Y の近傍点 Z までの最短経路に Z と Y の距離を足したものの最小値を求めるという再帰的な構造

$$d(X, Y) = \min_{Z \in \mathcal{N}(Y)} d(X, Z) + d(Y, Z) \tag{5.24}$$

があるため，それをうまく利用すれば少ない計算量で求められる（ここで $d(X, Y)$ は X と Y の距離，$\mathcal{N}(Y)$ は Y の近傍点集合とする）．

動的計画法はより一般に機械学習の分野で登場する．グラフィカルモデルに対する EM アルゴリズム，確率伝搬アルゴリズムのほか，強化学習の学習アルゴリズムなどにも使われる非常に汎用性の高い手法である．

(b) 多項式カーネルと動的計画法

(1) 多項式カーネルの部分構造

いきなり文字列だとわかりにくいので実数値ベクトルの多項式カーネルの場合について，基本的なカーネルの計算法を述べ，その自然な拡張として文字列カーネルを位置づける

まず，2 章 2.2 節で述べた多項式カーネル

$$(\boldsymbol{x}^{\mathrm{T}}\boldsymbol{x}'+c)^p \tag{5.25}$$

を展開すると，単項式 $(x_1x_1')^{i_1}(x_2x_2')^{i_2}\ldots(x_nx_n')^{i_n}$ の線形和（係数はすべて正）の形になっている．べきの値をベクトルとして $\mathbf{i}=(i_1,i_2,\ldots,i_n)$ とおく．この場合 i_j は

$$\sum_{j=1}^{n} i_j \leq p, \quad 0 \leq i_j \tag{5.26}$$

を満たす．つまり，特徴ベクトルとして，

$$\phi_{\mathbf{i}}(\boldsymbol{x}) = a_{\mathbf{i}} x_1^{i_1} x_2^{i_2} \cdots x_n^{i_n}, \qquad a_{\mathbf{i}} > 0 \tag{5.27}$$

を取っていることになっており，これはべきの選び方 $\mathbf{i}$ を $\boldsymbol{x}$ のより次数の高い単項式の部分構造とみなしていることに対応する．特徴ベクトル全体は n^p オーダーの次元のベクトルとなるが，それを n オーダーで計算できることになる．ただし，重み $a_{\mathbf{i}}$ は一つのパラメータ c だけに支配されているので重みを自由に変えるということはできない．

さて，部分構造の取り方をいろいろ変えるとほかにも違った形の多項式カーネルが導かれるが，そのうち高速に計算できる場合について述べていこう．

(2) 1次式の積：全部分集合カーネル

まず，単項式の中の x_j のべき i_j が 0 か 1 だけを取る場合を考えよう．今度はその和について制約しない．これは変数集合の部分集合を部分構造だと思って，それらの作る単項式を特徴ベクトルの要素としたものである．対応するカーネルは，

$$\prod_{i=1}^{n}(x_i y_i + c_i), \qquad c_i \geq 0 \tag{5.28}$$

によって実現できる．これを**全部分集合**(all subset)**カーネル**と呼ぶ．制御できるパラメータが n 個に増え，c_i を大きくすれば $x_i y_i$ の変化に敏感ではなくなるので，重要度をほかの成分に比べて相対的に下げるということが可能になる．

(3) 同次多項式：ANOVA カーネル

多項式カーネルでは，次数が p 以下のすべての項が現れたが，次数によって重みを変えたいという場合，次数がちょうど p の多項式を求める必要がある．つまり，

$$\sum_{j=1}^{n} i_j = p, \qquad 0 \leq i_j \tag{5.29}$$

という条件下で，

$$\sum_{\mathbf{i}} (x_1 y_1)^{i_1} (x_2 y_2)^{i_2} \cdots (x_n y_n)^{i_n} \tag{5.30}$$

を計算したい．ここでは簡単のため線形和の係数は 1 とした．これを p 次の **ANOVA カーネル**という[*9]．

これを素朴にやるとやはり n^p オーダーの計算が必要となるが，かといって今まで挙げた多項式カーネルのように単純な表現があるわけではない．これを効率的に解く鍵は，m 変数の q 次単項式の総和

$$k_m^q = \sum_{\mathbf{i}} \prod_{j=1}^{m}(x_j y_j)^{i_j}, \qquad \sum_{j=1}^{m} i_j = q \tag{5.31}$$

[*9] ANOVA は統計の伝統手法である分散分析(ANalysis Of VAriance)を表わす略語である．

の間に成り立つ漸化式

$$k_m^q = k_{m-1}^q + k_{m-1}^{q-1} x_m y_m \quad (5.32)$$

である($m=n$, $q=p$ の場合の k_n^p が求める関数である).

この漸化式が成り立つ理由を簡単に説明すると，m 変数で q 次の単項式の総和(左辺)には，$m-1$ 変数ですでに q 次の多項式になっているもの(右辺第1項)と，$x_m y_m$ を加えて q 次多項式になるもの(右辺第2項)という二通りがあるからである．

なお，k_m^q のうち 0 変数($m=0$)の場合は 0 であり，0 次単項式($q=0, m\geq 1$)の総和は 1 だから，

$$k_0^q = 0, \qquad k_m^0 = 1 \quad (m \geq 1) \quad (5.33)$$

が常に成り立つ．

この漸化式の構造を利用して，動的計画法を使った ANOVA カーネルの計算法について考えてみよう．フィボナッチ数列の例で見たように，漸化式で決まる関数は，一度計算した値をメモリに保存しておくことによって，再計算を防ぎ，計算の効率化を行なうことができる．

$q\backslash m$	0	$\cdots$	$m-1$	m	$\cdots$	n
0	0	1	$\cdots$			1
1	0		$\cdots$			$\vdots$
$\vdots$	$\vdots$		$\ddots$			$\vdots$
$q-1$	$\vdots$		k_{m-1}^{q-1}	$\searrow$		$\vdots$
q	$\vdots$		k_{m-1}^q	$\to k_m^q$		$\vdots$
$\vdots$	$\vdots$			$\ddots$		$\vdots$
p	0		$\cdots$			k_n^p

図 5.2　ANOVA カーネルの動的計画法による計算

今，変数として m, q の二つがあるので，図 5.2 のような表で考えてみよう．すでにわかっている値は入っており，表の一番右隅が求める値である．漸化式を使って左から右，上から下へと順に計算していけば，約 $|n||p|$ 個の値を埋め

る計算によって ANOVA カーネル k_n^p の値が求められることがわかるであろう．

ANOVA カーネルではちょうど p 次の単項式の和からなるカーネル関数を計算できるが，表の右端の欄をすべて埋めることにより p 次以下のすべての場合についても求めることができる．また，カーネル関数の正の重みつき線形和がやはりカーネル関数になっているという事実を思い出すと，以下のように次数ごとに重みの違うカーネル関数を計算できることになる．

$$k_m^{(1:p)} = \sum_{q=0}^{p} w_q k_m^q \tag{5.34}$$

通常低い次数の多項式のほうが重要なので，w_q を q の増加とともに小さくしていくことによって低い次数に重みをおいたカーネルの計算が可能となる．これは 1 パラメータしか調節できなかったもとの多項式カーネル (5.25) よりもずいぶん柔軟なものになっている．

(c) 文字列カーネル

多項式カーネルの例はあくまで準備体操で，動的計画法は文字列などのより複雑なデータ構造に対して真価を発揮する．文字列カーネルといってもさまざまな種類があり，効率的な計算法もさまざまに研究されているが，基本的にはどれも最初に述べたように部分文字列の個数を特徴ベクトルとするものである．部分文字列をどのように定義するかなどによっていろいろな手法が作られるが，主要な観点は以下のようにまとめられる．

- まず，取り出す部分文字列がもとの文字列に連続して含まれている場合に限定するかどうかという点である．たとえば kernel という文字列の中で erne というのは連続して含まれている部分文字列の例で，krnl は不連続な文字列の例である．文字列の途中にランダムに文字が挿入されたり一部の文字が欠損したりすることが起きやすい状況には，連続部分文字列に限定するのは仮定が強すぎるかもしれない．だからといって，非常に離れたものを部分文字列とみなすのは意味のない場合もある．そこで，不連続性に罰金を加えて重みつきで部分文字列間の類似度を定義するものもある．
- 次に，長さ p の部分文字列に限定するか，それともすべての長さの部分

文字列を取り出すかという点である．これは，単純な式(5.25)の多項式カーネルとANOVAカーネルとの関係に相当し，部分文字列の長さごとに重要度を変えたい場合には長さをpに限定するものを求める必要がある．

- このほか，部分文字列の個数ではなく，その部分文字列が存在するかしないかの2値を特徴ベクトルの成分とするものもある．

以下では上記からできる組み合わせのうち，「全部分文字列カーネル」，「p-スペクトルカーネル」の二つについて概要を説明する．

(1) 全部分文字列カーネル

すべての長さの部分文字列で不連続性を許す場合が**全部分文字列**(all substring)カーネルである．まず，単純な例で考えてみよう．ここでは具体的に，アルファベットを並べた適当な文字列として，sheとseeを考えよう．

不連続性を許すと，sheには部分文字列として "", s, h, e, sh, se, he, she がそれぞれ一つずつあるので，それらの成分が1で，それ以外は0であるような特徴ベクトルが得られる[*10]．考えられるすべての部分文字列を成分として用意してやると，文字列の長さに制限がなければ，これは無限次元のベクトルとなる（ただしそのほとんどの成分は0である）．一方，seeに対しては，"", s, ee, seeが1，e, seは2で，それ以外は0というベクトルができる．この二つのベクトルの内積でカーネル関数を計算する．すなわち，

$$k_{\text{all}}(\text{she}, \text{see}) = \sum_{u \in \Sigma^*} \phi_u(\text{she}) \phi_u(\text{see}) \tag{5.35}$$

である．ただし，Σ^* はすべての部分文字列全体の集合であり，$\phi_u(\text{she})$ は部分文字列 u が she に含まれている個数を表わす．実際に計算してみると，共通する部分文字列 "", s, e, se についての和だけになるから

$$k_{\text{all}}(\text{she}, \text{see}) = 1 \times 1 + 1 \times 1 + 1 \times 2 + 1 \times 2 = 6 \tag{5.36}$$

というのがカーネル関数の値になる．

[*10] "" は空列を表わす．

しかしながら，このようにすべての部分文字列を抜き出し，それを比較してカーネルの値を計算するというやり方では，文字列の長さが長くなるにつれて，計算量が指数関数的に増加してしまう．

そこで，短い部分文字列はより長い部分文字列の部分文字列になっているという特徴に注目する．sheの例で言えば，sはshやseなどの部分文字列になっている．この性質を利用すると，カーネルの値はより短い文字列どうしのカーネルの値の漸化式で書ける．

以下では一般の場合について定式化する．特徴ベクトルは

$$\phi_u(s) = |\{\mathbf{i} : u = s[\mathbf{i}]\}| \tag{5.37}$$

と書くことができる．ここで$\mathbf{i}$は添え字の集合で，$s[\mathbf{i}]$は文字列s中でその添え字に対応する部分文字列を抽出する関数を表わすとする．このとき，以下の漸化式が成り立つ．

$$k_{\text{all}}(sa, t) = k_{\text{all}}(s, t) + \sum_{j:t[j]=a} k_{\text{all}}(s, t[1, \cdots, j-1]), \quad k_{\text{all}}(s, \text{""}) = 1 \tag{5.38}$$

ここで，aは任意の1文字を表わし，saは文字列sの後ろに文字aを連接したものを表わす．sとtに関して対称な式も成り立つが，いずれにしてもこの式はANOVAカーネルの場合の漸化式に非常に似ていることがわかるであろう．そこでやはり同様に$|s||t|$の大きさの表を作って動的計画法を適用すればよい．

(2) p-スペクトルカーネル

部分文字列として，もとの文字列中で連続した長さpのものだけを考えたものをp-スペクトルカーネルという．これによって部分文字列の長さの重要度に応じて重みづけを変えることが可能となる．

ここで，Σ^pを長さpの文字列全体とし，特徴量$\phi_u^p(s)$はsに連続した部分文字列uが含まれている個数であるとする．そのような特徴ベクトルを作って，カーネル関数はその内積

$$k_{p.\mathrm{spec}}(s,t) = \sum_{u \in \Sigma^p} \phi_u^p(s)\phi_u^p(t) \tag{5.39}$$

によって定義される.

簡単な例で見てみよう. sea と ease という二つの文字列について考える. sea は長さ 1 の部分文字列として s, e, a が一つずつあり, ease は e が二つ, s, a が一つずつある. したがって, $p=1$ の場合は $k_{p.\mathrm{spec}}$=2+1+1=4 となる. 次に, 長さ 2 の部分文字列として, sea は se, ea が一つずつ, ease は ea, as, se が一つずつある. このうち二つが共通だから, $p=2$ の場合は $k_{p.\mathrm{spec}}$=2 となる. 長さ 3 の共通部分文字列はないので $p=3$ の場合は $k_{p.\mathrm{spec}}$=0 である.

一般に, 部分文字列 u の取り得る場合の数は $|\Sigma|^p$ なので特徴ベクトルはそれだけの次元のベクトルとなる. しかしながら実際にこれだけの特徴ベクトルを計算する必要はない. p-スペクトルカーネルの漸化式を記述するために, p-接尾辞(suffix)カーネルと呼ばれる

$$k_{p.\mathrm{suffix}}(s,t) = \begin{cases} 1 & (\text{if } s = s_1 u, t = t_1 u, u \in \Sigma^p) \\ 0 & (\text{上記以外}) \end{cases} \tag{5.40}$$

を定義する. これは s, t の最後の p 文字が一致しているかどうかを示す関数である. これを使うと, s と t に共通して含まれている連続した部分文字列の数として p-スペクトルカーネルに関する漸化式

$$k_{p.\mathrm{spec}}(s,t) = \sum_{i=1}^{|s|-p+1} \sum_{j=1}^{|t|-p+1} k_{p.\mathrm{suffix}}(s[i,\cdots,i+p], t[j,\cdots,j+p]) \tag{5.41}$$

と書ける. ただし, $|s|$ は文字列 s の長さを表わす. これを素朴に計算してやると $O(p|s||t|)$ だけの計算量が必要となる. しかしながら, これも何度も同じ文字列を比較しており無駄が多い. 基本的に s の部分文字列のそれぞれについて t の中に何個あるかを数える文字列のマッチングを探す処理で, 文字列検索などで培われたアルゴリズムが適用可能である. 実際, **接尾辞木**(suffix tree)というマッチング処理に向いた特殊なデータ構造を使うと $O(p(|s|+|t|))$ で計算できることが知られている.

(d) 列から木・グラフへ

文字列から，木構造やより一般のグラフ構造に拡張する際も基本的には同じ考え方で扱える．共通して含まれる部分構造の個数を特徴量とし，その間の内積を計算すればよい．もちろん，データ構造が複雑になるに従って必要となる計算量も増えるのでグラフ探索アルゴリズムなどを併用し，効率的な計算ができるようなカーネルの設計をすることが重要となる．

たとえば，グラフ構造の部分構造としてその部分グラフが真っ先に思い浮かぶ．だが，部分グラフが同型であるかの判定は一般にNP完全問題として知られており部分グラフを使ってグラフ構造のカーネル関数を定義するのは計算量の点で問題がある．そこで，グラフの問題を文字列の問題に置き換えるというアイディアがある．つまり，グラフの各ノードにラベルがついているときに，ノードからノードへ枝をつたっていくとラベルの系列が文字列として得られる．あるグラフに対してそのような文字列はたくさん得られるが，そのすべての集合をもとのグラフの特徴として，文字列カーネルを用いてグラフ構造のカーネルを定義する．この場合，文字列のペアがたくさんできるので，ノードからノードへの遷移を確率過程とみなし，「系列の確率」を与え，その確率で文字列カーネルを重みづけた周辺化カーネルを計算する．

図5.3に一例を示す．このグラフ G のノード $X_1,\ldots,X_5$ にはラベル A,B,C,D が付随している（ラベルは一意的とは限らない）．このグラフ上を遷移する系列，たとえば $s=X_1\to X_3\to X_4\to X_5\to X_3$ を考えよう．この系列はラベル $u_G(s)=ABACB$ という文字列を出力する．s が生起する確率を $p_G(s)$ と書くことにする．$p_G(s)$ としては遷移確率の積

$$p_G(s) = p(X_1)p(X_3|X_1)p(X_4|X_3)p(X_5|X_4)p(X_3|X_5)q(X_3) \qquad (5.42)$$

を取ればよい．この式の最初の $p(X_1)$ は X_1 から系列が始まる確率で，最後の $q(X_3)$ は，X_3 で文字列が終わる確率である．また，個々の遷移確率は与えられたグラフに対して適当に与える．たとえば X_3 からは枝が3本出ているので，文字列が終了する確率を除いて等確率として $p(X_i|X_3)=(1-q(X_3))/3$，$i=1,2,4$ などとおけばよい．

5.4 複雑なデータ構造に対するカーネル　◆ 145

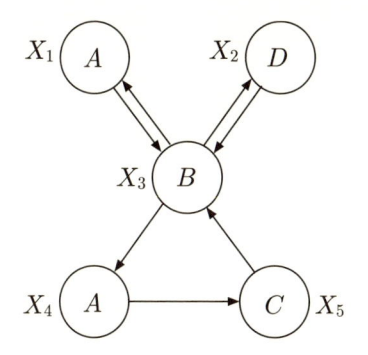

図 5.3 グラフ構造に対するカーネルの例．ノード X_1, $X_2, \ldots, X_5$ を枝に沿って確率的に遷移しながら，各ノードごとに決まったラベルを出力し，文字列を出力する．このような文字列間の文字列カーネルを確率で重みづけて足し合わせることによってグラフ構造のカーネルが計算できる．

さて，このような文字列の生成過程を考えると，別のグラフ G' と G とのカーネル関数の定義として

$$k_{\mathrm{graph}}(G, G') = \sum_{s \in \mathrm{path}(G)} \sum_{s' \in \mathrm{path}(G')} p_G(s) p_{G'}(s') k_{\mathrm{string}}(u_G(s), u_{G'}(s'))$$

(5.43)

というものが考えられる．ただし，$\mathrm{path}(G)$ は G が生成する系列全体の集合を表わし，k_{string} は適当な文字列カーネルである．系列の集合は(特にグラフにサイクルがある場合には)無限集合なので，そのまま計算することはできないが，k_{string} にいくつかの仮定をおけば k_{graph} の階層的な構造を導くことができ，それに基づいた効率的な計算法が提案されている[46]．

6

カーネルの理論

2章で見たように，カーネル関数にはいろいろな定義の仕方があり，それがカーネル関数のさまざまな側面を表わしていることがわかった．ただし，2章では，あまり理論的に混み入った議論に立ち入るのは避け，手法を理解するのに最低限必要と思われる事項を簡単な形で示すに留めた．そこで本章では，2章を補う形で，カーネル関数の定義や性質について体系的に説明することにする．ただしリプレゼンター定理など，正則化に関係する理論については7章で述べる．

6.1 特徴抽出からカーネルへ

まず図 6.1 にカーネル関数の定義の全体の関係を示した．この中にある「再生核」というものは今まで説明してこなかったが，理論においては中心的な存在である．再生核は「特徴ベクトルとパラメータの内積」としてのカーネルと「正定値関数」としてのカーネルとの関係を導出するなど，カーネルの理論計算において重要な役割を果たす．

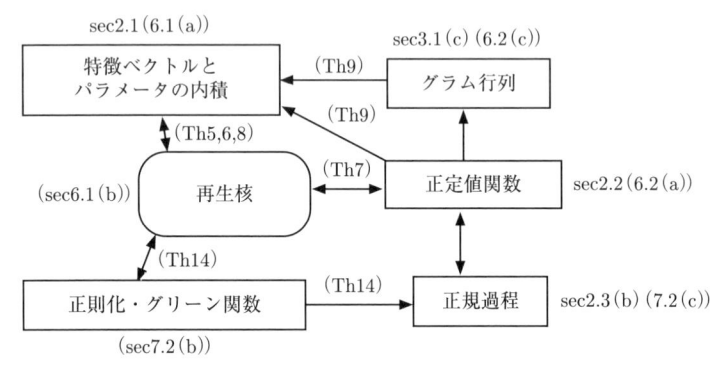

図 **6.1** カーネル定義のいろいろな定義の間の関係図．sec は節，Th は定理を示す．

まずここでは特徴ベクトルとパラメータの内積から再生核というものを導入し，それがカーネル関数と等価なものであることを示す．

(a) 特徴ベクトルとパラメータの内積

入力 $x \in \mathcal{X}$ から特徴ベクトル $\phi(x)$ を計算し，それとパラメータ w との内積でできるモデルを考える．このとき，w や $\phi(x)$ は内積を定義できるベクトル空間 $\mathcal{H}$ に入っている必要がある[*1]．以下では $\mathcal{H}$ における内積を

$$f(x) = \langle w, \phi(x) \rangle_{\mathcal{H}} \tag{6.1}$$

[*1] 本書では簡単のため実ベクトル空間で説明するが，複素ベクトル空間でも基本的な性質はそのまま成立する．

と表わすことにしよう.

$\mathcal{H}$ が有限次元の実数ベクトルなら,各成分の積和

$$\langle \boldsymbol{w}, \boldsymbol{\phi}(\boldsymbol{x}) \rangle_{\mathcal{H}} = \sum_{i=1}^{n} w_i \phi_i(\boldsymbol{x}) \tag{6.2}$$

が内積の基本形である.

また,2.2節のガウスカーネルの例で考えたような無限次元の場合には,和を積分で置き換えた

$$\langle \boldsymbol{w}, \boldsymbol{\phi}(\boldsymbol{x}) \rangle_{L_2} = \int_{-\infty}^{\infty} w_z \phi_z(\boldsymbol{x}) dz \tag{6.3}$$

も内積である[*2].

再生核を導入するためには,内積というのをより広くとらえる必要があるので,ここで内積についての基本的な事項をまとめておく.ベクトル空間 $\mathcal{H}$ の内積とは,以下の3つの条件(内積の公理)を満たす $\mathcal{H} \times \mathcal{H}$ から実数値への写像 $\langle \cdot, \cdot \rangle_{\mathcal{H}}$ である.

(ⅰ) 正値性:$\langle \boldsymbol{w}, \boldsymbol{w} \rangle_{\mathcal{H}} \geq 0$.等号は $\boldsymbol{w} = \boldsymbol{0}$ のとき,かつそのときのみ成り立つ.

(ⅱ) 対称性:$\langle \boldsymbol{w}, \boldsymbol{v} \rangle_{\mathcal{H}} = \langle \boldsymbol{v}, \boldsymbol{w} \rangle_{\mathcal{H}}$

(ⅲ) 線形性:$\langle \alpha\boldsymbol{w} + \beta\boldsymbol{v}, \boldsymbol{u} \rangle_{\mathcal{H}} = \alpha \langle \boldsymbol{w}, \boldsymbol{u} \rangle_{\mathcal{H}} + \beta \langle \boldsymbol{v}, \boldsymbol{u} \rangle_{\mathcal{H}}, \quad \alpha, \beta \in \mathbb{R}$

また,$\|\boldsymbol{w}\|_{\mathcal{H}} = \sqrt{\langle \boldsymbol{w}, \boldsymbol{w} \rangle_{\mathcal{H}}}$ により,$\boldsymbol{w}$ のノルムが定義できる.内積を取ることができるベクトル空間にはヒルベルト(Hilbert)空間といういかつい名前がついている[*3].

たとえば,有限次元の空間で正定値行列 $G = (G_{ij})_{i,j=1,\ldots,n}$ を使った

$$\langle \boldsymbol{w}, \boldsymbol{\phi}(\boldsymbol{x}) \rangle_{\mathcal{H}} = \boldsymbol{w}^{\mathrm{T}} G \boldsymbol{\phi}(\boldsymbol{x}) = \sum_{i=1}^{n} \sum_{j=1}^{n} w_i G_{ij} \phi_j(\boldsymbol{x}) \tag{6.4}$$

[*2] この内積が定義されるためには関数は2乗して積分可能でなければならない.このような関数全体からなる線形空間を L_2 空間という.

[*3] 厳密に言うと,ヒルベルト空間とは,内積を取れるというだけでなく,収束や連続性など数学的な扱いを簡単にするために,ノルムに関して完備であることを条件として加えたものである.本書では特に完備性が問題となるほどの厳密な議論はしないが,念のため説明しておくと,あるノルムについて完備であるとはコーシー列がそのノルムで測ったときに収束することである.完備でない内積空間も適当に要素を加えて「完備化」することができる.

というものも内積の公理を満たす(5.3節(a)で述べたフィッシャーカーネルを参照).

さて，2章の式(2.3)ですでに説明したようにカーネル関数は，特徴ベクトルどうしの内積

$$k(\boldsymbol{x}, \boldsymbol{x}') = \langle \boldsymbol{\phi}(\boldsymbol{x}), \boldsymbol{\phi}(\boldsymbol{x}') \rangle_{\mathcal{H}} \tag{6.5}$$

によって定義される．次の項(b)でこのカーネル関数が再生核というものになっていることを示そう．

(b) 再生核ヒルベルト空間の構成

式(6.1)で表わしたように，$f_w(\boldsymbol{x}) = \langle \boldsymbol{w}, \boldsymbol{\phi}(\boldsymbol{x}) \rangle_{\mathcal{H}}$ という内積によって $\mathcal{X}$ から $\mathbb{R}$ への関数が決まる．ここで，$\boldsymbol{\phi}$ は固定して，$\boldsymbol{w}$ をいろいろ変えたときの関数 f_w 全体の集合を $\mathcal{K}$ とする．

$\mathcal{K}$ に適当に内積を定めることによりヒルベルト空間の構造を与えよう．そのために，$\mathcal{K}$ の要素である二つの関数

$$f_w(\boldsymbol{x}) = \langle \boldsymbol{w}, \boldsymbol{\phi}(\boldsymbol{x}) \rangle_{\mathcal{H}}, \quad f_v(\boldsymbol{x}) = \langle \boldsymbol{v}, \boldsymbol{\phi}(\boldsymbol{x}) \rangle_{\mathcal{H}} \tag{6.6}$$

を考える．$\boldsymbol{\phi}(\boldsymbol{x})$ は固定された関数であり，f_w や f_v を規定するパラメータは $\boldsymbol{w}$ と $\boldsymbol{v}$ であって，これらは $\mathcal{H}$ の元である．したがって，この $\boldsymbol{w}$ と $\boldsymbol{v}$ との $\mathcal{H}$ 上の内積によって $\mathcal{K}$ の内積を定義することにする．ただし一般に，一つの f_w を定める $\boldsymbol{w}$ は複数あるかもしれないという意味で，$\boldsymbol{w}$ から f_w への写像は多対1である．そこで，ある f_w を定める $\boldsymbol{w}$ のうち，ノルムが一番小さいものを $\boldsymbol{w}^*$ とおこう．式で書けば，与えられた f_w に対して，

$$\boldsymbol{w}^* = \arg \inf_{\boldsymbol{w} \in \mathcal{W}} \|\boldsymbol{w}\|_{\mathcal{H}}, \quad \mathcal{W} = \{\boldsymbol{w} \mid f_w(\boldsymbol{x}) = \langle \boldsymbol{w}, \boldsymbol{\phi}(\boldsymbol{x}) \rangle_{\mathcal{H}}\} \tag{6.7}$$

となる．$\boldsymbol{v}^*$ も f_v に関して同様に定義し，f_w と f_v の内積を

$$\langle f_w, f_v \rangle_{\mathcal{K}} = \langle \boldsymbol{w}^*, \boldsymbol{v}^* \rangle_{\mathcal{H}} \tag{6.8}$$

と定義することにする．ここで考えた $\boldsymbol{w}^*$ や $\boldsymbol{v}^*$ は，f_w や f_v の値を決めるために余計な成分を排除した，必要最小限の情報をもつ $\boldsymbol{w}, \boldsymbol{v}$ とみなすことがで

きる.

さて，この関数の空間 $\mathcal{K}$ とカーネル関数 k との間の関係を表わす重要な性質を示すのが以下の定理である.

定理5（再生核ヒルベルト空間の構成）

パラメータベクトル $\boldsymbol{w}$ と特徴ベクトル $\boldsymbol{\phi}(\boldsymbol{x})$ の内積で定義される関数 $f_w(\boldsymbol{x}) = \langle \boldsymbol{w}, \boldsymbol{\phi}(\boldsymbol{x}) \rangle_{\mathcal{H}}$ 全体の集合 $\mathcal{K}$ は式(6.8)の内積でヒルベルト空間となる. また，式(6.5)で定義されるカーネル関数 k は次の二つの性質をもつ[*4].

(1) 任意の $\boldsymbol{x}$ に関して，$k(\cdot, \boldsymbol{x}) \in \mathcal{K}$
(2) 再生性：任意の $f \in \mathcal{K}$ に対して，

$$f(\boldsymbol{x}) = \langle f, k(\cdot, \boldsymbol{x}) \rangle_{\mathcal{K}} \tag{6.9}$$

が成り立つ.

逆に，上の二つを満たす2変数関数 k は $\mathcal{K}$ に対して一意的に定まる. □

[証明] 定義(6.5)より $k(\boldsymbol{x}', \boldsymbol{x})$ は $\boldsymbol{w} = \boldsymbol{\phi}(\boldsymbol{x}')$ に取ったものと見なせるので $\mathcal{K}$ に属していることはすぐにわかる. また，任意の $\boldsymbol{w} \in \mathcal{H}$ を，(6.7)で定義される $\boldsymbol{w}^*$ とそれに直交する部分 $\boldsymbol{w}^\perp$ に分け，$\boldsymbol{w} = \boldsymbol{w}^* + \boldsymbol{w}^\perp$ とする. $\boldsymbol{\phi}(\boldsymbol{x})$ に対する同様の分解を $\boldsymbol{\phi}(\boldsymbol{x}) = \boldsymbol{\phi}(\boldsymbol{x})^* + \boldsymbol{\phi}(\boldsymbol{x})^\perp$ とおくと，式(6.7)より任意の $\boldsymbol{w}$, $\boldsymbol{x}$ に対して

$$\langle \boldsymbol{w}^*, \boldsymbol{\phi}(\boldsymbol{x}) \rangle_{\mathcal{H}} = \langle \boldsymbol{w}, \boldsymbol{\phi}(\boldsymbol{x}) \rangle_{\mathcal{H}} = \langle \boldsymbol{w}^*, \boldsymbol{\phi}(\boldsymbol{x}) \rangle_{\mathcal{H}} + \langle \boldsymbol{w}^\perp, \boldsymbol{\phi}(\boldsymbol{x}) \rangle_{\mathcal{H}} \tag{6.10}$$

だから，$\langle \boldsymbol{w}^\perp, \boldsymbol{\phi}(\boldsymbol{x}) \rangle_{\mathcal{H}} = 0$ である. すなわち，$\boldsymbol{\phi}(\boldsymbol{x})$ が任意の $\boldsymbol{w}^\perp$ と常に直交するので $\boldsymbol{\phi}(\boldsymbol{x})^\perp = 0$，つまり，$\boldsymbol{\phi}(\boldsymbol{x})^* = \boldsymbol{\phi}(\boldsymbol{x})$ であり，$\mathcal{K}$ での内積の定義(6.8)と式(6.5)から，

$$\langle f_w, k(\boldsymbol{x}, \cdot) \rangle_{\mathcal{K}} = \langle \boldsymbol{w}^*, \boldsymbol{\phi}(\boldsymbol{x})^* \rangle_{\mathcal{H}} = \langle \boldsymbol{w}, \boldsymbol{\phi}(\boldsymbol{x}) \rangle_{\mathcal{H}} = f_w(\boldsymbol{x}) \tag{6.11}$$

となって再生性が成り立つ.

[*4] $k(\cdot, \boldsymbol{x})$ は $\boldsymbol{x}$ を固定したときの $\mathcal{X}$ 上の1変数関数を表わす. $k(\boldsymbol{x}', \boldsymbol{x})$ のように書いてもよいが，これだと $\boldsymbol{x}, \boldsymbol{x}'$ の2変数関数を指しているのか，どちらかを固定した1変数関数を指しているのか，あるいは両方を固定した関数値を指しているのかがわかりにくいのでこの記法を使う. f についても同様に $f(\cdot)$ のようにも書けるが，特に関数であることを強調する場合以外は冗長なので，ここでは単に f としている.

次に，定理の(1),(2)を満たす関数 k の一意性を示す．もしそのような関数が k_1, k_2 と二つあったとすると，k_1 に関する再生性から，任意の $\boldsymbol{x}, \boldsymbol{x}'$ について

$$\langle k_1(\cdot, \boldsymbol{x}), k_2(\cdot, \boldsymbol{x}') \rangle_{\mathcal{K}} = k_2(\boldsymbol{x}, \boldsymbol{x}') \tag{6.12}$$

となり，逆に k_2 に関する再生性からこの式は $k_1(\boldsymbol{x}, \boldsymbol{x}')$ にも一致するので結局 $k_1 = k_2$ となる．（証明終）

定理の中の再生性は，$\mathcal{K}$ の中の任意の関数とカーネル関数との内積がその関数の値になるという特徴的な性質を表わしている．したがって，このヒルベルト空間 $\mathcal{K}$ のことを**再生核ヒルベルト空間**（RKHS=Reproducing Kernel Hilbert Space）と呼び，カーネル関数 k のことをその**再生核**と呼ぶ[*5]．

定理5より，カーネル関数の一方の引数を固定したものは $\mathcal{K}$ の要素だから，再生性により，

$$\langle k(\cdot, \boldsymbol{x}), k(\cdot, \boldsymbol{x}') \rangle_{\mathcal{K}} = k(\boldsymbol{x}', \boldsymbol{x}) = k(\boldsymbol{x}, \boldsymbol{x}'), \tag{6.13}$$

つまりカーネル関数とカーネル関数の内積はやはりカーネル関数になるという関係が得られる．最後の等式は内積のもつ対称性を使った．

(c) 再生性から特徴ベクトルへ

以上の議論では，特徴ベクトルとパラメータの内積で定義される関数の空間から再生核ヒルベルト空間を導いた．これとは逆に，再生核ヒルベルト空間は自然に特徴ベクトルを定めることを示そう．

まず，カーネル関数 $k(\boldsymbol{x}, \cdot)$ そのものを $\boldsymbol{x}$ の特徴ベクトル，再生核ヒルベルト空間 $\mathcal{K}$ の元 f をパラメータと考えることにより，

$$\langle f, k(\boldsymbol{x}, \cdot) \rangle_{\mathcal{K}} = f(\boldsymbol{x}) \tag{6.14}$$

となる．これは式(6.1)で，$\mathcal{H}$ として $\mathcal{K}$，$\boldsymbol{w}$ として f，$\boldsymbol{\phi}(\boldsymbol{x})$ として $k(\boldsymbol{x}, \cdot)$ を

[*5] 本書では核関数のことをカーネル関数と呼んでいるので，再生核も再生カーネルと呼んだほうが整合しているかもしれないが，再生核という呼び名のほうが一般的に定着しているため本書ではそれを採用した．

取ったものに直接対応している．

ただし，これは我々が慣れ親しんでいる積和の形の内積ではないため，少し気持ちが悪いかもしれない．そこで，再生核ヒルベルト空間の内積を積和の形で表わすことを考えよう．

定理 6（積和の形の内積）

再生核ヒルベルト空間 $\mathcal{K}$ の完全正規直交基底 $\{v_i, i=1,2,\cdots\}$ を取れば（$v_i(\boldsymbol{x})$ は $\boldsymbol{x}$ の関数である），カーネル関数は

$$k(\boldsymbol{x}, \boldsymbol{x}') = \sum_i v_i(\boldsymbol{x}) v_i(\boldsymbol{x}') \tag{6.15}$$

と書ける． □

［証明］ カーネル関数を v_i を使って直交展開すると

$$k(\boldsymbol{x}, *) = \sum_i \langle k(\boldsymbol{x}, \cdot), v_i \rangle_{\mathcal{K}} v_i(*) \tag{6.16}$$

と書けるので[*6]，

$$\begin{aligned} k(\boldsymbol{x}, \boldsymbol{x}') &= \langle k(\boldsymbol{x}, \cdot), k(\boldsymbol{x}', \cdot) \rangle_{\mathcal{K}} \\ &= \sum_{i,j} \langle k(\boldsymbol{x}, \cdot), v_i \rangle_{\mathcal{K}} \langle k(\boldsymbol{x}', \cdot), v_j \rangle_{\mathcal{K}} \langle v_i, v_j \rangle_{\mathcal{K}} \\ &= \sum_i v_i(\boldsymbol{x}) v_i(\boldsymbol{x}') \end{aligned} \tag{6.17}$$

という積和の形を得る．ただし上の式の変形では，再生性

$$\langle k(\boldsymbol{x}, \cdot), v_i \rangle_{\mathcal{K}} = v_i(\boldsymbol{x}) \tag{6.18}$$

と v_i の正規直交性

$$\langle v_i, v_j \rangle_{\mathcal{K}} = \delta_{ij} \tag{6.19}$$

を使った．これにより，再生核ヒルベルト空間では，積和の形でも内積を書き表わすことができることがわかった．（証明終）

[*6] $k(\boldsymbol{x}, \cdot)$ は右辺ですでに使われているので，それと区別するために $k(\boldsymbol{x}, *)$ や $v_i(*)$ という書き方をした．

(d) 再生核のテンソル積

再生性という特徴付けが実際にカーネル関数の理論的な性質を導くのに有用な例として,二つの再生核のテンソル積というものを定義し,それがやはり再生核になることを示す.この特別な場合として 5 章 5.1 節 (a) 式 (5.4) で述べた,「カーネル関数の積がやはりカーネル関数になる」という性質が導かれる.

$\mathcal{K}_1$ と $\mathcal{K}_2$ という二つの再生核ヒルベルト空間を考える.$\mathcal{K}_1$ は $\mathcal{X}$ 上の関数の空間で,再生核 k_1 をもつとし,$\mathcal{K}_2$ は $\mathcal{Y}$ 上の関数の空間で,再生核 k_2 をもつとする.

$f_1 \in \mathcal{K}_1$ と $f_2 \in \mathcal{K}_2$ の組から定義されるテンソル積 $f_1 \otimes f_2$ は,$\mathcal{X} \times \mathcal{Y}$ 上の関数

$$(f_1 \otimes f_2)(\boldsymbol{x}, \boldsymbol{y}) = f_1(\boldsymbol{x}) f_2(\boldsymbol{y}) \tag{6.20}$$

であり,その線形和を

$$(a(f_1 \otimes f_2) + b(f_3 \otimes f_4))(\boldsymbol{x}, \boldsymbol{y}) = a(f_1 \otimes f_2)(\boldsymbol{x}, \boldsymbol{y}) + b(f_3 \otimes f_4)(\boldsymbol{x}, \boldsymbol{y}) \tag{6.21}$$

のように自然に定義する.

すべての $f_1 \in \mathcal{K}_1, f_2 \in \mathcal{K}_2$ に対し,$f_1 \otimes f_2$ 全体の作る線形空間を $\mathcal{K}_{\mathrm{prod}} = \mathcal{K}_1 \otimes \mathcal{K}_2$ と書く.これが再生核ヒルベルト空間になることを示そう.ただし,

$$\langle f_1 \otimes f_2, g_1 \otimes g_2 \rangle_{\mathcal{K}_{\mathrm{prod}}} = \langle f_1, g_1 \rangle_{\mathcal{K}_1} \langle f_2, g_2 \rangle_{\mathcal{K}_2} \tag{6.22}$$

によって $\mathcal{K}_{\mathrm{prod}}$ に内積を定める.実際にこれが内積の公理(正値性,対称性,線形性)を満たしていることは容易に確かめられる.

次に,$\boldsymbol{x} \in \mathcal{X}$ と $\boldsymbol{y} \in \mathcal{Y}$ を並べて $[\boldsymbol{x}, \boldsymbol{y}]$ と書くことにし,$(\mathcal{X} \times \mathcal{Y})^2$ の上の関数

$$k_{\mathrm{prod}}([\boldsymbol{x}_1, \boldsymbol{y}_1], [\boldsymbol{x}_2, \boldsymbol{y}_2]) = k_1(\boldsymbol{x}_1, \boldsymbol{x}_2) k_2(\boldsymbol{y}_1, \boldsymbol{y}_2) \tag{6.23}$$

を考える.

k_{prod} は $\mathcal{K}_{\mathrm{prod}}$ の再生核になる.実際,テンソル積の定義式 (6.20) から $k_{\mathrm{prod}}([\cdot, *], [\boldsymbol{x}, \boldsymbol{y}]) = k_1(\cdot, \boldsymbol{x}) \otimes k_2(*, \boldsymbol{y})$ であり[*7],$\mathcal{K}_{\mathrm{prod}}$ に定めた内積 (6.22)

[*7] 定理 6 の証明のときと同様に,$k_1(\cdot, \boldsymbol{x})$ の中の $\cdot$ と区別するために $*$ を使って $k_2(*, \boldsymbol{y})$ という記法を使う.

から，

$$\begin{aligned}
\langle f_1 \otimes f_2, k_{\mathrm{prod}}([\,\cdot\,,*], [\bm{x}, \bm{y}]) \rangle_{\mathcal{K}_{\mathrm{prod}}} \\
= \langle f_1 \otimes f_2, k_1(\,\cdot\,, \bm{x}) \otimes k_2(*, \bm{y}) \rangle_{\mathcal{K}_{\mathrm{prod}}} \\
= \langle f_1, k_1(\,\cdot\,, \bm{x}) \rangle_{\mathcal{K}_1} \langle f_2, k_2(*, \bm{y}) \rangle_{\mathcal{K}_2} \\
= f_1(\bm{x}) f_2(\bm{y}) = (f_1 \otimes f_2)(\bm{x}, \bm{y}) \qquad (6.24)
\end{aligned}$$

となる．一般の $f \in \mathcal{K}_{\mathrm{prod}}$ についても (6.21) から，この線形和となるだけなので再生性が示せる．

ここで，$\mathcal{X} = \mathcal{Y}$ で，$\bm{y}_1 = \bm{x}_1$, $\bm{y}_2 = \bm{x}_2$ という特別な場合を考えると，式 (5.4) の k_{mul} は

$$k_{\mathrm{mul}}(\bm{x}_1, \bm{x}_2) = k_{\mathrm{prod}}([\bm{x}_1, \bm{x}_1], [\bm{x}_2, \bm{x}_2]) = k_1(\bm{x}_1, \bm{x}_2) k_2(\bm{x}_1, \bm{x}_2) \qquad (6.25)$$

となるから，$k_{\mathrm{mul}}(\bm{x}_1, \bm{x}_2)$ も再生核になり，再生核の積がやはり再生核であることが導かれる．

6.2 正定値性

さて次に，再生核が正定値性と等価であることを示す．これと同時に 2 章で述べたカーネル法の最初の性質である「内積のカーネル表現」(式 (2.5)) の導出も行なわれることになる．それを示したあと，図 6.1 に示した，正定値性と関連のあるカーネル関数の定義や性質を導く．

(a) 正定値性から再生核へ

2 章 2.2 節で述べた正定値性をもう一度 (より厳密な形で) 定義しよう．$\mathcal{X} \times \mathcal{X}$ から実数への関数 k が**半正定値** (positive semidefinite) であるとは[*8]，任意の n に対し，$\mathcal{X}$ 上の任意の点 $\bm{x}_1, \ldots, \bm{x}_n$ から計算されるグラム行列

[*8] 非負定値 (nonnegative semidefinite) ともいう．特に，$\bm{x}_i$ がすべて異なれば K の 2 次形式が 0 になるのは $\bm{\alpha} = 0$ に限る場合を正定値 (positive definite) と呼ぶ．ただし，本書ではその違いについて詳しく議論せず，半正定値の場合も含めて正定値という．

$$K = \begin{pmatrix} k(\boldsymbol{x}_1, \boldsymbol{x}_1) & k(\boldsymbol{x}_2, \boldsymbol{x}_1) & \ldots & k(\boldsymbol{x}_n, \boldsymbol{x}_1) \\ k(\boldsymbol{x}_1, \boldsymbol{x}_2) & k(\boldsymbol{x}_2, \boldsymbol{x}_2) & \ldots & k(\boldsymbol{x}_n, \boldsymbol{x}_2) \\ \vdots & \vdots & \ddots & \vdots \\ k(\boldsymbol{x}_1, \boldsymbol{x}_n) & k(\boldsymbol{x}_2, \boldsymbol{x}_n) & \ldots & k(\boldsymbol{x}_n, \boldsymbol{x}_n) \end{pmatrix} \quad (6.26)$$

の 2 次形式が常に非負,すなわち

$$\sum_{i=1}^{n} \sum_{j=1}^{n} \alpha_i \alpha_j K_{ij} \geq 0 \quad (6.27)$$

が任意の n 次元ベクトル $\boldsymbol{\alpha}$ について成り立つことである.以下の定理は正定値性が再生核と等価であることを主張している.

定理 7(正定値性と再生核の等価性)

再生核は半正定値である.一方,$\mathcal{X} \times \mathcal{X}$ 上の任意の半正定値関数 $k(\boldsymbol{x}, \boldsymbol{x}')$ を取ると,それを再生核にもつヒルベルト空間がただ一つ存在する. □

[証明] まず再生核が半正定値であることを示そう.再生核の再生性を使うと,

$$\begin{aligned} \sum_{i=1}^{n} \sum_{j=1}^{n} \alpha_i \alpha_j K_{ij} &= \sum_{i=1}^{n} \sum_{j=1}^{n} \alpha_i \alpha_j \langle k(\,\cdot\,, \boldsymbol{x}_i), k(\,\cdot\,, \boldsymbol{x}_j) \rangle_{\mathcal{K}} \\ &= \langle \sum_{i=1}^{n} \alpha_i k(\,\cdot\,, \boldsymbol{x}_i), \sum_{j=1}^{n} \alpha_j k(\,\cdot\,, \boldsymbol{x}_j) \rangle_{\mathcal{K}} \\ &= \left\| \sum_{i=1}^{n} \alpha_i k(\,\cdot\,, \boldsymbol{x}_i) \right\|_{\mathcal{K}}^{2} \geq 0 \quad (6.28) \end{aligned}$$

だから正定値性がいえる.

次に正定値性から再生核ヒルベルト空間が構成できることを示す.有限個の $\boldsymbol{x}$ に対する $k(\boldsymbol{x}, \cdot)$ で張られる関数の線形空間 $\mathcal{K}$ を考える.$\mathcal{K}$ の二つの要素 $f_\alpha = \sum_i \alpha_i k(\boldsymbol{x}_i, \cdot)$, $f_\beta = \sum_j \beta_j k(\boldsymbol{x}'_j, \cdot)$ の間の内積を

$$\langle f_\alpha, f_\beta \rangle_{\mathcal{K}} = \sum_{i,j} \alpha_i \beta_j k(\boldsymbol{x}_i, \boldsymbol{x}'_j)$$

と定義する.k が半正定値ならこれは内積の公理を満たす.この内積によって

k は再生核となり，$\mathcal{K}$ は再生核ヒルベルト空間になる[*9]．この構成の仕方から再生核ヒルベルト空間の一意性も言える．（証明終）

この定理により再生性と正定値性の等価性が示され，カーネル関数は再生核と呼んでも，正定値関数と呼んでもまったく同じものをさしていることがわかる．

さて，定理の後半の証明において，再生核ヒルベルト空間 $\mathcal{K}$ を，いろいろな $\boldsymbol{x}_1, \boldsymbol{x}_2, \ldots \in \mathcal{X}$ に対する再生核の和の形

$$f(\boldsymbol{x}) = \sum_j \alpha_j k(\boldsymbol{x}_j, \boldsymbol{x}) \tag{6.29}$$

で書けるもの全体として構成した[*10]．また，こうして構成された再生核ヒルベルト空間は一意的であるから，逆に再生核ヒルベルト空間 $\mathcal{K}$ があったとき，その任意の要素はその再生核の和の式(6.29)でいくらでも近似できることがわかる．これは 2.1 節で述べたカーネル関数の最も基本的な性質(式(2.5))そのものである．

(b) 実数ベクトルに対するカーネル関数

本章のここまでの議論では $\boldsymbol{x}$ の空間 $\mathcal{X}$ には特に制限をおかなかった．ただし，実数ベクトルの関数[*11]についてはスプライン関数近似理論などで深く研究されてきており，より多くの性質が導かれる．近年の多くの応用ではむしろ文字列やグラフといった複雑な構造をもつデータを考えることが多いので，相対的には実数空間上のカーネルは重要性を失いつつあるが，実数ベクトルの関数のいくつかの性質はより複雑な空間でも定性的には成り立つことが多い．本項では実数空間上のカーネルについて重要と思われる事項についてまとめてお

[*9] 細かいことを言えば，この段階ではまだ $\mathcal{K}$ は内積空間であり，$\mathcal{K}$ の中のコーシー列の収束先を全部含めた空間を考えるという完備化の操作によってヒルベルト空間にする必要がある．

[*10] 式(2.5)で述べたように，この段階ではどの $\boldsymbol{x}_1, \boldsymbol{x}_2, \ldots$ をいくつ選べばよいかについては言っていない．また，この式の意味をより厳密に言えば，1 から n まで取った和で定義される級数 $f_n(\boldsymbol{x}) = \sum_{j=1}^{n} \alpha_j k(\boldsymbol{x}, \boldsymbol{x}_j)$ が $n \to \infty$ のとき $f(\boldsymbol{x})$ に各点収束するという意味である．

[*11] 実数ベクトルだけでなく一般に L_2 空間(2 乗して積分が取れる関数の空間)なら同様の議論が成立する．

く[*12].

まず，$k(\boldsymbol{x},\boldsymbol{x}')$ が $\boldsymbol{x},\boldsymbol{x}'$ について連続なら，これに対応する再生核ヒルベルト空間 $\mathcal{K}$ 上の関数はすべて連続であることを示そう．$f(\boldsymbol{x})\in\mathcal{K}$ とすると，再生性から，

$$\begin{aligned}\|f(\boldsymbol{x})-f(\boldsymbol{x}')\|_{\mathcal{K}}^2 &= \langle f, k(\cdot,\boldsymbol{x})-k(\cdot,\boldsymbol{x}')\rangle_{\mathcal{K}}^2\\ &\leq \|f\|_{\mathcal{K}}^2 \|k(\cdot,\boldsymbol{x})-k(\cdot,\boldsymbol{x}')\|_{\mathcal{K}}^2\\ &= \|f\|_{\mathcal{K}}^2(k(\boldsymbol{x},\boldsymbol{x})-2k(\boldsymbol{x},\boldsymbol{x}')+k(\boldsymbol{x}',\boldsymbol{x}')) \to 0 \quad (\boldsymbol{x}\to\boldsymbol{x}')\end{aligned}$$
(6.30)

が成り立つ．ただし，不等号はコーシー–シュワルツの不等式による．無限次元の関数空間などというものを考えるとしばしば病的な現象が現れるものだが，この連続性を見てもわかるように，再生核ヒルベルト空間は相当に健全な空間であると言える．

また，以下の定理のように，実数ベクトル上の正定値関数の積和の表現がカーネル関数の固有関数を使って得られる．

定理 8（マーサー（Mercer）の定理）

正定値関数 $k(\boldsymbol{x},\boldsymbol{x}')$ が連続で $\boldsymbol{x},\boldsymbol{x}'$ について二乗可積分なら，

$$k(\boldsymbol{x},\boldsymbol{x}') = \sum_{j=1}^{\infty} \lambda_j \phi_j(\boldsymbol{x})\phi_j(\boldsymbol{x}') \tag{6.31}$$

のように展開できる．ここで，ϕ_j, λ_j は k の固有関数と固有値，つまり

$$\int k(\boldsymbol{x},\boldsymbol{x}')\phi_j(\boldsymbol{x}')d\boldsymbol{x}' = \lambda_j \phi_j(\boldsymbol{x}) \tag{6.32}$$

であり，$\phi_1,\phi_2,\ldots$ は L_2 空間の正規直交系

$$\int \phi_i(\boldsymbol{x})\phi_j(\boldsymbol{x})d\boldsymbol{x} = \delta_{ij} \tag{6.33}$$

をなし，$\lambda_1\geq\lambda_2\geq\cdots\geq 0$ とする． □

これは基本的には定理6を実数ベクトルの関数について言い換えたものに相当する．$v_j(\boldsymbol{x})=\sqrt{\lambda_j}\phi_j(\boldsymbol{x})$ とおけば，式(6.31)は v_j の積和の式(6.15)と等

[*12] 実数空間上のカーネルの性質については5章5.1節(c)も参照.

価な式となる．ただし，定理6では，v_j は k の定める再生核ヒルベルト空間 $\mathcal{K}$ の正規直交系だったので，

$$\langle v_i, v_j \rangle_\mathcal{K} = \langle \sqrt{\lambda_i}\phi_i, \sqrt{\lambda_j}\phi_j \rangle_\mathcal{K} = \sqrt{\lambda_i \lambda_j}\langle \phi_i, \phi_j \rangle_\mathcal{K} = \delta_{ij} \qquad (6.34)$$

でなければならない．つまり，L_2 空間での内積の式(6.33)とは若干異なる

$$\langle \phi_i, \phi_j \rangle_\mathcal{K} = \begin{cases} 1/\lambda_i & (i = j \text{ のとき}) \\ 0 & (i \neq j \text{ のとき}) \end{cases} \qquad (6.35)$$

となる．したがって，固有関数の線形和で表わされる二つの関数

$$f(\boldsymbol{x}) = \sum_j a_j \phi_j(\boldsymbol{x}), \quad g(\boldsymbol{x}') = \sum_j b_j \phi_j(\boldsymbol{x}') \qquad (6.36)$$

があったとき，この二つの間の再生核ヒルベルト空間 $\mathcal{K}$ における内積は(6.35)を使うと

$$\langle f, g \rangle_\mathcal{K} = \sum_{i,j} a_i b_j \langle \phi_i, \phi_j \rangle_\mathcal{K} = \sum_j \frac{a_j b_j}{\lambda_j} \qquad (6.37)$$

となる．また，このように内積を定義すれば式(6.31)より

$$\langle f, k(\,\cdot\,, \boldsymbol{x}) \rangle_\mathcal{K} = \sum_j \frac{a_j \lambda_j \phi_j(\boldsymbol{x})}{\lambda_j} = \sum_j a_j \phi_j(\boldsymbol{x}) = f(\boldsymbol{x}) \qquad (6.38)$$

となって再生性が成立することも確かめられる．

(c) グラム行列からカーネルへ

さて，再生核ヒルベルト空間は一般に無限次元の関数空間になるが，実際に計算できるのは有限個の値に対して定義されるグラム行列である．3章3.1節(c)で述べたように，正定値行列を任意に定めれば，それが何らかのカーネル関数になっていることが示せる．これを定理の形で書けば以下のようになる．

定理9（カーネル関数存在定理）

n 次対称行列 K が正定値なら，任意のサンプル集合 $\boldsymbol{x}^{(1)}, \boldsymbol{x}^{(2)}, \ldots, \boldsymbol{x}^{(n)} \in \mathcal{X}$ に対する n 次元の特徴ベクトル $\boldsymbol{\phi}(\boldsymbol{x}) = (\phi_1(\boldsymbol{x}), \ldots, \phi_n(\boldsymbol{x}))^\mathrm{T} \in \mathbb{R}^n$ が存在し，

$$K_{ij} = \langle \boldsymbol{\phi}(\boldsymbol{x}^{(i)}), \boldsymbol{\phi}(\boldsymbol{x}^{(j)}) \rangle_{\mathbb{R}^n} = \sum_{l=1}^n \phi_l(\boldsymbol{x}^{(i)}) \phi_l(\boldsymbol{x}^{(j)}) \qquad (6.39)$$

が成り立つ. □

[証明] K は対称行列だから実固有値をもち,正定値性からすべて正の値を取る.それらを $\lambda_1, \ldots, \lambda_n > 0$ とし,$\lambda_l (l=1,2,\ldots,n)$ に対応する固有ベクトルを $\boldsymbol{u}_l = (u_{l1}, \ldots, u_{ln})^\mathrm{T}$ とすると,K は対角化可能で,

$$K = \sum_{l=1}^{n} \lambda_l \boldsymbol{u}_l \boldsymbol{u}_l^\mathrm{T} \tag{6.40}$$

と書ける.そこで,$\boldsymbol{x}^{(i)}$ に対する特徴ベクトルの第 l 成分として $\phi_l(\boldsymbol{x}^{(i)}) = \sqrt{\lambda_l} u_{li}$ とおけば,

$$K_{ij} = \sum_{l=1}^{n} \phi_l(\boldsymbol{x}^{(i)}) \phi_l(\boldsymbol{x}^{(j)}) \tag{6.41}$$

が成り立つ.(証明終)

この定理によって,いわゆる「カーネル関数」を決めてそれを計算するというのではなく,与えられた有限個のデータに対して正定値行列を作ることによっても,それが何かのカーネル関数になっていることが保証されるのである.

6.3 正定値行列の幾何

5章の5.2節(c)で述べたように,複数の類似度行列を組み合わせたり,補助的な情報を使ってグラム行列を設計したりする際に,正定値行列全体の作る空間の幾何学を理解しておくことが有用である.ここでは,情報幾何[80][6][59]に基づいた正定値行列の幾何に関する基本的な概念についてまとめておく.

(a) 指数分布族の情報幾何

情報幾何は確率分布のパラメータがなす空間の構造を定める.我々の関心事である正定値行列 V は,平均 $\boldsymbol{0}$ の多変量正規分布

$$p(\boldsymbol{x}; V) = c \exp\left(-\frac{1}{2} \boldsymbol{x}^\mathrm{T} V^{-1} \boldsymbol{x} - \frac{1}{2} \log \det V\right) \tag{6.42}$$

の分散共分散行列とみなすことができる(ここで c は正規化定数).2章2.3節(b)で述べたように,正定値行列は正規過程の分散共分散行列と同一視できる

ので，この対応づけは自然なものであろう．

ここで重要なことは，多変量正規分布が**指数分布族**(exponential family)と呼ばれる形をしていることである．指数型分布族とは $\boldsymbol{\theta}=(\theta_1,\ldots,\theta_d)$ をパラメータとしたときに

$$p(\boldsymbol{x};\boldsymbol{\theta}) = \exp\left(\sum_{i=1}^d \theta_i F_i(\boldsymbol{x}) - C(\boldsymbol{x}) - \psi(\boldsymbol{\theta})\right) \tag{6.43}$$

という形に書ける分布のことである．この式の exp の中身を見ると，パラメータ $\boldsymbol{\theta}$ と確率変数 $\boldsymbol{x}$ とが絡み合う部分では $\boldsymbol{\theta}$ について線形関数になっている．多変量正規分布の場合，V^{-1} の成分をベクトル $\boldsymbol{\theta}$ と書くことにより，指数分布族とみなすことができる．

さて，$\boldsymbol{\theta}$ を座標系として取ったとき，その空間は多様体とみなせる．3章3.2節(c)で述べたように，多様体は局所的には線形空間(接空間)であり，それをつないでいくことによって大域的な構造が決められる．本書では，それらの具体的な形は必要ないので式は省略するが，局所的な接空間の構造を定める計量としては，フィッシャー情報行列[*13]を取るのが確率モデルとして自然であることが示されている．一方，接空間のつなぎ方を決める接続としては，統計的な不変性だけからは一つの決め方に特定されず，実数 α を使った自由度をもっている．つまり，空間の構造は一意的ではなく，α を決めるごとに構造が一つ決まる．ただし指数分布族では，その中でも $\alpha=\pm 1$ の場合が特に重要であり，それぞれの構造の中で，「まっすぐな」線(測地線と呼ぶ)が直線として表わされ，空間全体が「平坦」とみなせるような座標系が存在する[*14]．

指数分布族の場合，$\alpha=1$ で平坦になる座標系は $\boldsymbol{\theta}$ であり[*15]，特に正定値行列の場合は V^{-1} である．一方，$\alpha=-1$ で平坦になるのは，

$$\eta_i = \int F_i(\boldsymbol{x}) p(\boldsymbol{x};\boldsymbol{\theta}) d\boldsymbol{x} \tag{6.44}$$

[*13] 式(5.20)を参照．

[*14] 座標系の取り方によってまっすぐな線が座標系の直線になるとは限らないことに注意しておく．たとえばユークリッド空間では，直交座標系ならその座標系の直線がまっすぐな直線を表わすが，極座標系の直線はユークリッド空間中の直線にはならない．

[*15] $\boldsymbol{\theta}$ のことを自然パラメータとか，1-パラメータ，あるいは e-パラメータと呼ぶ．e は exponential の頭文字である．

で定義される座標系 $\boldsymbol{\eta}=(\eta_1,\eta_2,\ldots,\eta_d)$ である[*16]．これはちょうど，正定値行列の場合 V そのものを座標系に取ることに相当する．$\boldsymbol{\theta}$ と $\boldsymbol{\eta}$ には一種の双対構造があるが，正定値行列の場合はそれらが互いに逆行列の関係で結ばれている．

なお，正定値行列の逆行列もまた正定値行列なので，与えられた正定値行列を V とみなすか，V^{-1} とみなすかは迷うところである．ただし，正規過程との関係で言えばカーネル関数は共分散を計算していると考えられるので，ここでは与えられた正定値行列は V すなわち $\boldsymbol{\eta}$ の座標系における点として扱う．

(b) モデルへの射影

データにモデルをあてはめるといった統計的情報処理の基本は，幾何的に言えば空間中の1点で表わされるデータ点からモデルを表わす部分空間への射影とみなすことができる．ただし情報幾何ではこれまで述べてきたように，射影を取る測地線が $\alpha=\pm 1$ に応じて2種類定義されるので，そのいずれを選ぶかで射影も2種類存在することになる．以下の定理は情報幾何の最も基本的かつ重要な定理で，どちらの射影を選べばよいかの指針を与えてくれる．

定理10（射影定理とダイバージェンス）

指数分布族の空間 S を考える．1-平坦な座標系 $\boldsymbol{\theta}$［−1-平坦な座標系 $\boldsymbol{\eta}$］の線形部分空間 M への −1-測地線［1-測地線］での射影は一意的で，カルバック・ライブラーダイバージェンス(Kullback-Leibler divergence) $D(\boldsymbol{\theta},\hat{\boldsymbol{\theta}})$ $[D(\hat{\boldsymbol{\eta}},\boldsymbol{\eta})]$ を最小にする $\hat{\boldsymbol{\theta}}[\hat{\boldsymbol{\eta}}]$ として求められる．ただし，(カルバック・ライブラー)ダイバージェンスは，二つの確率分布が A,B というパラメータをもつときに

$$D(A,B)=\int p(\boldsymbol{x};A)\log\frac{p(\boldsymbol{x};A)}{p(\boldsymbol{x};B)}d\boldsymbol{x}$$

で定義される擬距離である．なお，部分空間は平坦でない場合も，ダイバージェンスの停留点として射影が定義される(ただし一意的とは限らない)．この射

[*16] $\boldsymbol{\eta}$ のことを期待値パラメータとか，−1-パラメータ，あるいは m-パラメータと呼ぶ．m は mixture の頭文字である．これは混合分布族(mixture family)の自然パラメータが $\alpha=-1$ 接続に対してまっすぐになることに由来する．

6.3 正定値行列の幾何 ◆ 163

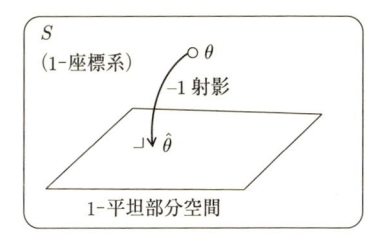

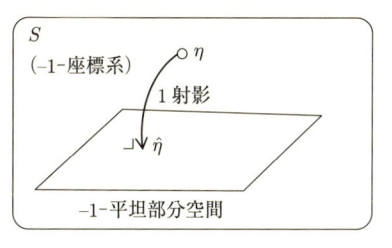

図 **6.2** 射影定理：1-平坦な部分空間へは -1-測地線で射影を取り（左），-1-平坦な測地線には 1-測地線で射影を取れば射影は一意的である．

影を -1-射影［1-射影］という．

また，［ ］の前の部分を［ ］の中身で入れ替えた定理も同様に成り立つ． □

射影定理を図で表わしたのが図 6.2 である．この定理から，部分空間が 1-平坦なら -1-測地線で射影を取り，逆に -1-平坦な部分空間には 1-測地線で射影を取るのが，射影の一意性などの観点から都合がよい．また，それらはダイバージェンスの最小点として求められる．ダイバージェンスは対称性がないので距離ではないが，0 になるのは二つの分布が一致するときに限るなど距離に近い性質をもっており，確率分布の間の隔たりを示すのによく用いられる尺度である[*17]．

さて，n 次の正定値行列 P と部分空間 M が与えられたとき，P から M への 1-射影は

$$\begin{aligned} D(Q,P) &= \frac{1}{2} \mathrm{E}_{p(\boldsymbol{x};Q)} \left[-\boldsymbol{x}^{\mathrm{T}}(Q^{-1}-P^{-1})\boldsymbol{x} - \log \det Q + \log \det P \right] \\ &= \frac{1}{2} \{ \mathrm{tr}(P^{-1}Q) + \log \det P - \log \det Q - n \} \end{aligned} \qquad (6.45)$$

を最小にする $Q \in M$ として求められ，5 章 5.2 節 (c) で述べた式 (5.12) が導かれる．一方，-1-射影はこの Q と P を入れ替えたダイバージェンス $D(P,Q)$ を最小にする $Q \in M$ を求めればよい．5.2 節 (c) で考えた欠損値のある行列において，わかっている成分を固定して，欠損値の成分を自由に動かしてできる

[*17] 点と点の間が非常に近い漸近的な領域ではほとんど対称となって距離とみなすこともできる．

行列全体は η に関する線形部分空間とみなせるので，これは -1-平坦であり，その場合に自然な 1-射影を取ったのである．

7

汎化と正則化の理論

これまでも触れてきたように,データ解析で重要なのは,目の前に与えられたサンプルだけではなく背後に隠された構造を抽出する汎化能力である.2章の2.4節で述べたように,あてはめようとする関数のバリエーション(複雑度)を増やしていけば,データに対する記述能力は高められるが,逆にバリエーションが増えすぎると汎化能力は低下する.カーネル法では主として正則化によって関数のバリエーションが大きくなり過ぎないように調節してきた.

本章では,まず正則化法の基礎的な理論やカーネル法との関連についてまとめる.次に,関数の複雑度と汎化能力の関係についての理論について述べ,正則化を用いたカーネル法で用いる関数の複雑度がどうなるかについても言及する.

7.1 正則化：逆問題と不良設定問題

我々が対象としているデータは確率論的にしろ決定論的にしろ，何か背後にあるあるメカニズムによって生成されたものである．メカニズム(原因)からデータ(結果)を生成することは一般にやさしく，逆に与えられたデータをもとにしてメカニズムを探ろうとすることは難しい．前者は順問題(順過程)と呼ばれ，後者は逆問題(逆過程)と呼ばれる．我々の解こうとしている問題はまさにこの逆問題を解くことにある．

このことを数学的に表現してみよう．真の構造 f が関数で与えられるとする．順問題では f から何らかの操作によって，結果 F を得る．これを作用素 A を使って，

$$Af = F \tag{7.1}$$

と書こう．データ解析の場合，真の構造 f からランダムサンプリングという過程 A を経て，データ F が得られるという状況と考えることができる．

これだと抽象的すぎてわかりにくいので，もう少し具体的に確率密度関数の推定の問題を例として考えよう(図 7.1)．1次元の確率変数 x があり，その確率密度関数を f，確率分布関数を F とすると，f から F へは $-\infty$ から x までの積分という作用素 A によって関係づけられる．つまり，

$$Af(x) = \int_{-\infty}^{x} f(x)dx = F(x) \tag{7.2}$$

である．ここで，F はデータから得られた経験確率分布関数(階段関数)の形で推定することにする．真の F の推定値 $\hat{F}$ が与えられ，作用素 A がわかっているときに，f のよい推定値が得られるかどうかということが問題となる．

ここで一般に A は連続であるとする．つまり順過程では，似たような f は似たような F を生じさせる．ただし，このような仮定をおいても順問題はやさしくても，逆問題はやさしくなるとは限らないというのが問題の本質である．

確率密度の推定の場合，真の F がわかっていれば，それを微分することに

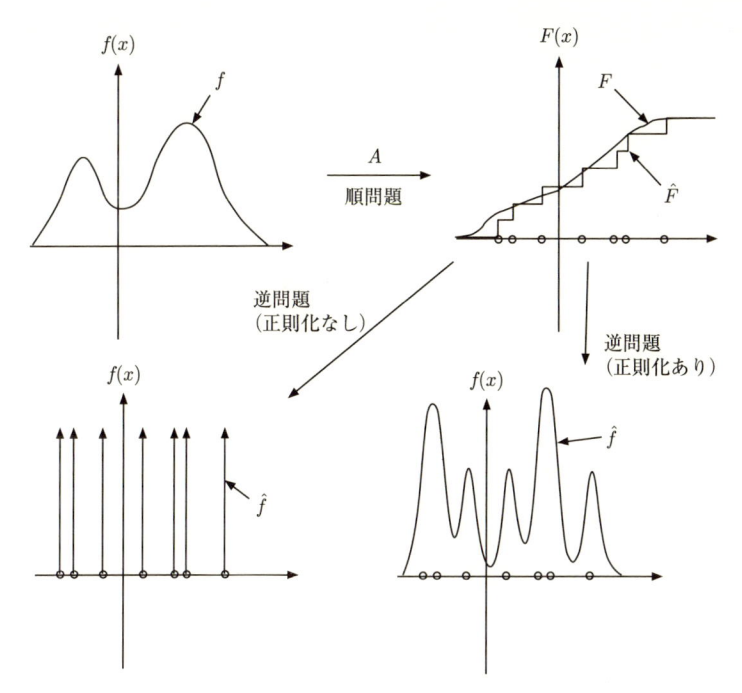

図 7.1 逆問題と順問題. f から F を生じさせる過程を順問題(順過程), F から f を求める過程を逆問題(逆過程)という. 不良設定な逆問題を良設定の問題にするために正則化が用いられる.

よって真の f は求められる. しかしながら, 今与えられているのは階段状の関数だから, 微分によっては f は真の関数に近づかない(図 7.1). これはサンプルがいくら増えても同じで, $\hat{F}$ がいくら真の関数に近づいても真の f はいつまでたっても求められないのである.

このように, F の近似解 $\hat{F}$ が真の F に近づいても $Af=\hat{F}$ の解 $\hat{f}$ が $Af=F$ の解には近づかない状況を**不良設定**であるという. 逆に, $\hat{F}$ が真の F に近づけば $Af=\hat{F}$ が真の解に近づくのは**良設定**と呼ばれる.

正則化法は一般に不良設定問題を良設定問題に帰着させる手法であり, 特に

$$R(f,\hat{F}) = \|Af-\hat{F}\|^2+\gamma\Omega(f) \tag{7.3}$$

という関数を最小にする f を求めるのはティホノフ(Tikhonov)の(標準)正則化法と呼ばれる．$\Omega(f)$ が正則化に対応する部分で，γ はもとの問題との相対的な重みづけを表わす正則化パラメータである．γ はしばらく固定して考えることにし，正則化項が満たすべき条件について簡単に述べておこう．

正則化項の満たすべき条件 $\Omega(f) \geq 0$ であり，集合 $\{\Omega(f) \leq c\}$ が任意の $c \geq 0$ についてコンパクト集合であれば[*1]，標準正則化法は良設定であることが知られている． □

良設定になったといっても，正則化項は本来もとの問題 $Af=F$ とは無関係な項なので，できれば F の精度が上がるにつれて γ は 0 に近づけていきたい．しかしながら，F の精度が悪いのにあまり速く 0 に近づけると不良設定な状況に近づいてしまう．F の精度と γ を 0 に近づける速さとの関係を示したのが以下の定理である．

定理 11 （正則化の収束性）

与えられた任意の F に対し，$Af=F$ の解が存在するとする．$\|F-\hat{F}\|^2 \leq \epsilon$ なる F の近似値 $\hat{F}$ が与えられたとき，γ を ϵ^2 よりもゆっくり 0 に近づける，すなわち，

$$\lim_{\epsilon \to 0} \gamma = 0, \qquad \lim_{\epsilon \to 0} \frac{\epsilon^2}{\gamma} = 0 \tag{7.4}$$

を満たすように取れば，$R(f, \hat{F})$ の解は $Af=F$ の真の解に収束する． □

この定理では，ϵ がわからなければ γ も決められないが，統計的な推定問題などでは，サンプル数が増えるごとに F が真のものにどのくらいのオーダーで収束するかを見積もることができる場合がある．

7.2 正則化とカーネル法

ここでは正則化とカーネル法との関わりについて見ていくことにする．

[*1] 本書は複雑な数学的議論を避けるために，単にコンパクトであるとした．我々の関心事であるヒルベルト空間における $\Omega(f) = \|f\|_{\mathcal{K}}^2$ などについては厳密にはコンパクトではない．ただし，定理はそのまま成り立つ．逆にコンパクトならばもう少し速く γ を 0 にしても収束が保証される．

(a) リプレゼンター定理

カーネル法で正則化法を使うのは，汎化能力を向上させるためだけではなく，リプレゼンター定理によってサンプル点におけるカーネル関数の線形和のモデルに限定できるという大きなメリットがあるからである．リプレゼンター定理は本書のはじめの 2 章 2.1 節でも述べたが，ここではそれをより一般化した形で述べ，再生性を使った証明を与える．

(1) 正則化に対するリプレゼンター定理

定理 12 f を再生核ヒルベルト空間 $\mathcal{K}$ の元としたとき，

$$R_{\mathrm{reg}}(f) = R(\{f(\boldsymbol{x}^{(i)}), y^{(i)}\}_{i=1,2,\ldots,n}) + \lambda \Omega(\|f\|_\mathcal{K}^2) \tag{7.5}$$

とおく．ただし，R は任意の関数，$\lambda>0$，Ω は狭義単調増加関数とする．このとき，$R_{\mathrm{reg}}(f)$ を最小にする $f\in\mathcal{K}$ は $\alpha_1,\ldots,\alpha_n$ を適当に取れば，

$$f(\boldsymbol{x}) = \sum_{i=1}^{n} \alpha_i k(\boldsymbol{x}^{(i)}, \boldsymbol{x}) \tag{7.6}$$

という形で書ける． □

[証明] 基本的な方針は 2 章 2.1 節でやったのと同じである．

$$f(\boldsymbol{x}) = \sum_{i=1}^{n} \alpha_i k(\boldsymbol{x}^{(i)}, \boldsymbol{x}) + v(\boldsymbol{x}) \tag{7.7}$$

とする．ただし $v(\boldsymbol{x})$ は $\{k(\boldsymbol{x}^{(i)}, \boldsymbol{x}), i=1,2,\ldots,n\}$ の $\mathcal{K}$ における直交補空間に値を取る成分である．つまり，

$$\langle k(\boldsymbol{x}^{(i)}, \cdot), v \rangle_\mathcal{K} = 0, \quad i=1,2,\ldots,n \tag{7.8}$$

である．さて，まず再生性と式 (7.7)，(7.8) から

$$f(\boldsymbol{x}^{(j)}) = \langle f, k(\boldsymbol{x}^{(j)}, \cdot) \rangle_\mathcal{K} = \sum_{i=1}^{n} \alpha_i k(\boldsymbol{x}^{(i)}, \boldsymbol{x}^{(j)}) \tag{7.9}$$

となるので，$R(\{f(\boldsymbol{x}^{(i)}), y^{(i)}\}_{i=1,2,\ldots,n})$ は v によらない．一方，$\|f\|_\mathcal{K}^2$ は

$$\|f\|_\mathcal{K}^2 = \boldsymbol{\alpha}^\mathrm{T} K \boldsymbol{\alpha} + \|v\|_\mathcal{K}^2 \tag{7.10}$$

となるので,$v(\boldsymbol{x})=0$ のとき $\|f\|^2$ が最小となる.狭義単調増加関数 Ω を作用させてもその大小関係は変わらないので,結局 $R_{\mathrm{reg}}(f)$ を最小にするのは $v=0$ のときであることがわかる.(証明終)

ここで注目すべきは,定理の中の R という関数が任意の関数であるということである.サンプルだけに依存していれば,それぞれのサンプルに対する損失の和という形をしている必要がない.サンプルどうしが独立でない時系列のような場合には,この一般化は役に立つ.

(2) 制約問題に対するリプレゼンター定理

一方,カーネル主成分分析などでは,正則化とは多少異なり $\|f\|_{\mathcal{K}}^2$ のノルムが一定という制約条件の形で出てきた(さらにカーネル正準相関分析では正則化と制約条件の両方が含まれていた).どちらも極値問題としては同じ方程式を解くことになるので,リプレゼンター定理もほとんど同じように適用できるが,多少異なる部分もあるので,制約条件の場合のリプレゼンター定理について述べておこう.

定理 13 f を再生核ヒルベルト空間 $\mathcal{K}$ の元とする.$\|f\|_{\mathcal{K}}^2=c$ という制約下でサンプルに対する損失 R を最小化する問題はラグランジュの未定乗数法を使って

$$R_{\mathrm{constraint}}(f;c) = R(\{f(\boldsymbol{x}^{(i)}), y^{(i)}\}_{i=1,2,\ldots,n}) + \lambda(\|f\|_{\mathcal{K}}^2 - c) \tag{7.11}$$

と書ける.この最適解を f_c と書くことにし,$c_1 > c_2$ のとき,

$$R(\{f_{c_1}(\boldsymbol{x}^{(i)}), y^{(i)}\}_{i=1,2,\ldots,n}) < R(\{f_{c_2}(\boldsymbol{x}^{(i)}), y^{(i)}\}_{i=1,2,\ldots,n}) \tag{7.12}$$

が成り立つと仮定する.このとき,ある特定の c について $R_{\mathrm{constraint}}(f;c)$ を最小にする $f \in \mathcal{K}$ は

$$f(\boldsymbol{x}) = \sum_{i=1}^{n} \alpha_i k(\boldsymbol{x}^{(i)}, \boldsymbol{x}) \tag{7.13}$$

となる.　□

定理 12 では R は任意の関数でよかったが,こちらは条件がやや厳しい(証明はほぼ同じなので省略する).式(7.12)の条件は球面の薄皮を剝ぐと,損失

が増えていくことを意味している．もし逆に $\|f\|_{\mathcal{K}}^2$ がどんどん小さくなればよいということであれば，サンプル点でのカーネルによって張られる成分が 0 になり，直交補空間の成分だけが残るようなものが最適になってしまうため，この条件が必要となる．

(b) 正則化からカーネルへ

6 章では，特徴抽出や正定値性と再生核との等価性を見てきた．ここでは実数値ベクトル上の関数の場合，正則化から再生核ヒルベルト空間が導かれることを示す．

入力 $\boldsymbol{x}$ は実ベクトルであるとし，$\boldsymbol{x}$ の実数値関数の集合を適当に取ってその線形空間を $\mathcal{H}$ とする．簡単のため，$\mathcal{H}$ は L_2 空間，つまり 2 乗して積分することのできる関数空間の部分空間とする．ここで，この空間 $\mathcal{H} \subset L_2$ から L_2 空間への線形作用素 T を考える．

T の例としては微分作用素やフーリエ変換といったものが考えられる．たとえば m 階の微分作用素を取ったときには，

$$Tf(\boldsymbol{x}) = \frac{\partial^m}{\partial \boldsymbol{x}^m} f(\boldsymbol{x}) \tag{7.14}$$

となり，この右辺が 2 乗して積分可能となるように $\mathcal{H}$ を限定する必要がある．

ここで，$\mathcal{H}$ の内積を，T で移した先の L_2 の内積として定義する．すなわち，

$$\langle f_1, f_2 \rangle_{\mathcal{H}} = \langle Tf_1, Tf_2 \rangle_{L_2} = \int Tf_1(\boldsymbol{x}) Tf_2(\boldsymbol{x}) d\boldsymbol{x} \tag{7.15}$$

とする．ただし，ここで T に制限をおき，$Tf=0$ となるのは $f=0$ のときに限ると仮定する[*2]．

このように定義した関数の空間 $\mathcal{H}$ で，正則化付きの損失関数最小化問題を考える．つまり，

[*2] このように定義しないと内積にならないので，説明の簡単化のためにこの仮定をおいた．微分作用素などは，この仮定を満たさないので注意が必要である．一般の場合(つまり，$Tf=0$ なる $f \neq 0$ が存在する場合)の議論については巻末の関連図書[15][16][93]などを参照のこと．

$$R(\{y^{(i)}, f(\boldsymbol{x}^{(i)})\}_{i=1,2,\ldots,n}) + \|f\|_{\mathcal{H}}^2 = R(\{y^{(i)}, f(\boldsymbol{x}^{(i)})\}_{i=1,2,\ldots,n}) + \|Tf\|_{L_2}^2 \tag{7.16}$$

の最小化である．記法を簡単にするために正則化パラメータ λ は省略した．$\mathcal{H}$ でのノルムは T で移した先でのノルムなので，微分作用素なら微分値に罰金を加えることを意味し，フーリエ変換を作用素に取ったときは周波数領域での値を小さくすることに対応する．

ここで，作用素 T に対し，随伴作用素 T^* というものがあって，

$$\langle Tf, g\rangle_{L_2} = \langle f, T^*g\rangle_{L_2} \tag{7.17}$$

と定義する．この随伴作用素 T^* と T との積から作られる作用素 T^*T に対する作用素方程式

$$T^*Tg(\boldsymbol{x}, \cdot) = \delta(\cdot - \boldsymbol{x}) \tag{7.18}$$

を考えよう．ただし，δ はディラック（Dirac）のデルタ関数である．これを解いて得られる解を T^*T のグリーン（Green）関数と呼ぶ．実は $g(\boldsymbol{x}, \cdot)$ は $\mathcal{H}$ の再生核となる．実際，$\mathcal{H}$ に定めた内積から，

$$\begin{aligned}\langle f, g(\boldsymbol{x}, \cdot)\rangle_{\mathcal{H}} &= \langle Tf, Tg(\boldsymbol{x}, \cdot)\rangle_{L_2} = \langle f, T^*Tg(\boldsymbol{x}, \cdot)\rangle_{L_2} \\ &= \langle f, \delta(\cdot - \boldsymbol{x})\rangle_{L_2} = f(\boldsymbol{x})\end{aligned} \tag{7.19}$$

と確かめられる．このように，$\mathcal{H}$ は再生核ヒルベルト空間になっている．式(7.16)はノルムの正則化項が $\|f\|_{\mathcal{H}}^2$ だからリプレゼンター定理が適用でき，最適化問題の解はサンプル点でのカーネル関数の線形和

$$f(\boldsymbol{x}) = \sum_{i=1}^{n} \alpha_i g(\boldsymbol{x}, \boldsymbol{x}^{(i)}) \tag{7.20}$$

で与えられることも言える．

以上の議論を更に進めることにより，以下の定理が成り立つ．

定理 14（正則化と再生核）

ヒルベルト空間 L_2 に対する線形作用素 $T: L_2 \to L_2$ が $Tf=0$ となるのが $f=0$ に限るとき，T^*T のグリーン関数を再生核とするような再生核ヒルベルト

空間 $\mathcal{K}$ が定まる.また,正則化問題の最適解は $\mathcal{K}$ の元になる.

逆に,関数 $g(\boldsymbol{x}, \cdot)$ が再生核ヒルベルト空間 $\mathcal{K}$ の再生核ならば,T^*T のグリーン関数が $g(\boldsymbol{x}, \cdot)$ となるような作用素 $T:L_2 \to L_2$ が存在する. □

この定理で特に重要なのは,カーネル関数を決めるとそれが何らかの T に対応しているということである.つまり,「再生核ヒルベルト空間で $\|f\|_{\mathcal{K}}^2$ を正則化項にした最小化を行なうこと」と「L_2 空間で,何らかの(微分値や周波数を抑えるなど)正則化を行なうこと」が等価になっていることである.たとえば,ガウスカーネルでは,すべての階数の微係数の大きさの重みつきの和を抑えるような正則化になっていることが言える.

これも 2 章 2.2 節で述べたカーネルトリックの一種で,従来のスプライン関数などでは,最適化規準を先に決めて(T を決めることに相当),それを最適にするような関数を求めることが行なわれてきたが,カーネル法では逆にカーネル関数を先に決めて,それが何かの最適化問題になっていることを保証するという逆転の発想になっている.

(c) 正規過程:正則化と確率モデル

2 章 2.3 節(b)で正規過程を導入し,カーネル法が確率モデルとしてとらえられることを説明した.正規過程は,グラム行列を分散共分散行列とする平均 0 の正規確率変数 $f(\boldsymbol{x}_1), \ldots, f(\boldsymbol{x}_n)$ によって定まる確率過程であった.これは有限個の点における関数値の分布を規定するが,ここでは関数値ではなく,関数 f そのものの分布としてのとらえ方について説明しよう.

2.3 節で述べたように,ベイズ推論においては,モデルの事後確率を

$$p_{\text{posterior}}(\text{モデル} \mid \text{サンプル}) \propto p(\text{サンプル} \mid \text{モデル}) \times p_{\text{prior}}(\text{モデル}) \tag{7.21}$$

のように表わし,これに基づいて確率モデルに関する推論を行なう.カーネル法の場合は,確率モデルが再生核ヒルベルト空間 $\mathcal{K}$ の元 f であり,f を固定したときにサンプルは与えられた点 $\boldsymbol{x}^{(i)}$ における f の値と正しい出力との組 $\{(y^{(i)}, f(\boldsymbol{x}^{(i)}))\}_{i=1,2,\ldots,n}$ によって規定できるから,上の式は

$$p(\{(y^{(i)}, f(\boldsymbol{x}^{(i)}))\}_{i=1,2,\ldots,n} \mid f) p_{\text{prior}}(f) \qquad (7.22)$$

と書け，その対数のマイナスを取れば，

$$-\log p(\{(y^{(i)}, f(\boldsymbol{x}^{(i)}))\}_{i=1,2,\ldots,n} \mid f) - \log p_{\text{prior}}(f) \qquad (7.23)$$

となる．この第1項を損失関数，第2項を正則化項とみなせば，これは正則化と関連づけられる(線形モデルの場合が式(2.33)で説明したものに相当する)．線形モデルでは，d 次元ベクトル $\boldsymbol{w}$ の(等方的な)正規分布

$$p_{\text{prior}}(\boldsymbol{w}) \propto \exp(-\beta \|\boldsymbol{w}\|^2) \qquad (7.24)$$

を事前分布として取った．これを再生核ヒルベルト空間の場合も形式的に

$$p_{\text{prior}}(f) \propto \exp(-\beta \|f\|_{\mathcal{K}}^2) \qquad (7.25)$$

と書くと，この対数のマイナスがリプレゼンター定理に出てくる正則化項の形に一致する．

ここで f を

$$f(\boldsymbol{x}) = \sum_{i=1}^{n} \alpha_i k(\boldsymbol{x}^{(i)}, \boldsymbol{x}) + \sum_j \gamma_j v_j(\boldsymbol{x}) \qquad (7.26)$$

という形に表わそう(リプレゼンター定理の証明を参照)．ここで，$v_j(\boldsymbol{x})$ は $\{k(\boldsymbol{x}^{(i)}, \boldsymbol{x})\}_{i=1,2,\ldots,n}$ の張る空間の直交補空間の正規直交基底，すなわち，

$$\langle k(\boldsymbol{x}^{(i)}, \cdot), v_j \rangle_{\mathcal{K}} = 0, \qquad \langle v_j, v_l \rangle_{\mathcal{K}} = \delta_{jl} \qquad (7.27)$$

である．すると，

$$\|f\|_{\mathcal{K}}^2 = \boldsymbol{\alpha}^{\mathrm{T}} K \boldsymbol{\alpha} + \sum_j \gamma_j^2 \qquad (7.28)$$

となるので，式(7.25)に入れると，$\boldsymbol{\alpha}, \gamma_1, \gamma_2, \ldots$ に関する(一般には無限次元の)正規分布となる．具体的には，$\boldsymbol{\alpha}$ は平均 $\boldsymbol{0}$，分散共分散行列 $K^{-1}/(2\beta)$ に従う多変量正規分布，$\gamma_1, \gamma_2, \ldots$ は互いに独立で，$\boldsymbol{\alpha}$ とも独立な平均 0，分散 $1/(2\beta)$ の正規分布に従う．この確率変数 $\boldsymbol{\alpha}, \gamma_1, \gamma_2, \ldots$ を式(7.26)に入れると，「ランダムな関数」としての $f(\boldsymbol{x})$ の表現が得られる．

ただし，再生核ヒルベルト空間の基底が無限個があると式(7.26)の関数は確率1でノルムが発散してしまうことに注意しておく．なぜなら

$$f_M(\boldsymbol{x}) = \sum_{i=1}^n \alpha_i k(\boldsymbol{x}^{(i)}, \boldsymbol{x}) + \sum_{j=1}^M \gamma_j v_j(\boldsymbol{x}) \tag{7.29}$$

を取ると，式(7.28)より，この二乗ノルムの期待値 E は

$$\mathrm{E}_{\boldsymbol{\alpha},\boldsymbol{\gamma}}[\|f_M\|_{\mathcal{K}}^2] = n/(2\beta) + \sum_{j=1}^M \mathrm{E}_{\gamma_j}[\gamma_j^2] = \frac{n}{2\beta} + \frac{M}{2\beta} \to \infty \quad (M \to \infty) \tag{7.30}$$

となるからである[*3]．

さて，こうして得られたランダムな関数が，2章2.3節(b)で定義した有限点での正規分布と等価なものであることを示そう．まず，サンプル点については式(7.26)より，

$$f(\boldsymbol{x}^{(i)}) = \langle f, k(\boldsymbol{x}^{(i)}, \cdot) \rangle_{\mathcal{K}} = \sum_{l=1}^n \alpha_l k(\boldsymbol{x}^{(l)}, \boldsymbol{x}^{(i)}) \tag{7.31}$$

となり，v_j に関する項は消えることに注意する．α_i は平均0なので，$\mathrm{E}_{\boldsymbol{\alpha}}[f(\boldsymbol{x}^{(i)})]=0$ であることもわかる．次に $f(\boldsymbol{x}^{(i)})$ と $f(\boldsymbol{x}^{(j)})$ との共分散は

$$\mathrm{E}_{f(\boldsymbol{x}^{(i)})f(\boldsymbol{x}^{(j)})}[f(\boldsymbol{x}^{(i)})f(\boldsymbol{x}^{(j)})] = \mathrm{E}_{\boldsymbol{\alpha}}\left[\sum_{l=1}^n \sum_{m=1}^n \alpha_l \alpha_m k(\boldsymbol{x}^{(l)}, \boldsymbol{x}^{(i)}) k(\boldsymbol{x}^{(m)}, \boldsymbol{x}^{(j)})\right] \tag{7.32}$$

となり，$\boldsymbol{\alpha}$ の分散共分散行列が $K^{-1}/(2\beta)$ であったことを使うと，

$$\mathrm{E}_{f(\boldsymbol{x}^{(i)})f(\boldsymbol{x}^{(j)})}[f(\boldsymbol{x}^{(i)})f(\boldsymbol{x}^{(j)})] = \frac{1}{2\beta} K_{ij} \tag{7.33}$$

となり，$1/(2\beta)$ という定数倍の自由度を除いて，グラム行列の i,j 成分に一致することがわかる．なお，この定数倍はちょうど正則化パラメータ λ に対応している．

[*3] 実際には(7.26)に二乗ノルムで収束する $\|f-g\|_{\mathcal{K}}^2=0$ となる $g \in \mathcal{K}$ を取ることができるが，詳細については[93]などを参照．

7.3　関数の複雑さと汎化の理論

　これまで，関数のバリエーションが多すぎると過学習が起きて汎化能力が低下するということを述べてきた．定理 11 は，正則化パラメータをどのように調節すれば過学習が起きないかという疑問に答えるものであるが，実際には未知の量 ϵ を含んでいたりするので，具体的にカーネル法でどうなるかといった問題に答えるのは難しい．

　このような問題に答えるには機械学習の分野で深く研究されている（統計的）学習理論に踏み込んでいく必要がある．その全体は広大で，とても一つの節で説明しきれるほど簡単なものではないが，ここではカーネル法と正則化に関係する部分を中心にその基本的な考え方を説明し，より進んだ内容を論文等で理解するための入り口となることを目標とする．

　若干数学的に複雑な内容が含まれているので，はじめにここで全体の流れを説明しておく．

　まず，前提となる枠組みとして，サンプルがある未知の確率分布に従って発生するという仮定をおく．たとえば，それぞれ出る目の確率が異なるサイコロを振って出た目のようなものがサンプルとして与えられていると考えればよい．このような仮定のもとでは，サイコロをたくさん振ることによって出る目の頻度が，それぞれの目が出る確率に近づいていく．これが「大数の法則」で，サンプルから背後の構造を知るということも結局この大数の法則に帰着される問題となる．

　ただし，関数近似の場合，ある特定の関数にノイズがのったものが観測されるわけではなく，どの関数かはわからないという意味で一段複雑な問題となる．サイコロの例で言えば，決まった一つのサイコロではなく，たくさんあるサイコロのうちのどれかわからない一つを振っているという状況である．一つとたくさんが違う例として，「誕生日の確率のパラドックス」を考えよう．40人の集団がいたとして，その中に同じ誕生日の人がいる確率はいくらだろうか．ある特定の誕生日を指定すると，その日に同じ誕生日の人がいる確率は約 0.5% と非常に小さい．ところが，どの日かは問わないとすると，同じ誕生日

の人がいる確率は90%近くにもなるのである.これがまさに,関数のバリエーションが多くなれば汎化能力を高くするのが難しくなるということの本質である.

以下の節では,関数の複雑さと汎化能力との関係を,大数の法則を拡張した枠組みで説明する.さらに,カーネル関数で正則化を行なった場合に,関数の複雑さがグラム行列のトレースで与えられること(定理18)を示すのも本節の一つのハイライトである.

(a) 経験損失と期待損失

本書で述べてきたすべての多変量解析手法は,損失関数を最小にするという枠組みで定式化された.汎化能力は,サンプルだけでなく,潜在的に存在するすべてのデータに対して損失が小さくなるような能力である.

ここでは関数近似の場合もそうでない場合もどちらも考えるので,データをまとめて x という一つのベクトルで表わすことにする.損失関数は,データ x を(再生核ヒルベルト空間の)ある関数 $f(x)$ で処理したときの値 $r(x; f)$ によって計算される.学習理論では,データの発生する確率分布についていろいろな仮定をおくことも多いが,ここでは何でもよいからデータの確率分布 $p(x)$ があるとして考えよう.「すべてのデータに対する損失」というのを損失関数の期待値に取れば,

$$R(f) = \int_{\mathcal{X}} r(\bm{x}; f)\, p(\bm{x}) d\bm{x} \qquad (7.34)$$

となる(期待損失)[*4].これを最小にする関数 f を求めるというのが本書における多変量解析の究極の目標である.

ただし,当然ながら $p(\bm{x})$ は未知なので,実際に多変量解析でできるのは $p(\bm{x})$ に従って生成されたサンプル集合 $\mathcal{D} = \bm{x}^{(1)}, \ldots, \bm{x}^{(n)}$ に対する損失(経験損失)

$$\hat{R}_n(f) = \frac{1}{n} \sum_{i=1}^{n} r(\bm{x}^{(i)}; f) \qquad (7.35)$$

[*4] $R(f)$ は f の汎化誤差と呼ばれることもある.

178 ◆ 7 汎化と正則化の理論

を小さくするモデルを見つけることである．

(b) 大数の法則の一般化

期待損失 $R(f)$ の代わりに経験損失 $\hat{R}_n(f)$ を最小化するのは，サンプルをたくさん集めれば $\hat{R}_n(f)$ が $R(f)$ にだんだん近づいていくだろうという期待があるからである．

汎化能力の理論では，これが n とともにどれぐらい近いかを定量化することに関心がある．ただし，最初に述べた誕生日の確率のように，ある固定した f ではなく，いろいろな f について収束するということを考える必要がある．これを具体的に見てみよう．

(1) 期待損失と経験損失の差

期待損失 $R(f)$ を最小にする本当に知りたい関数を f^* とし，経験損失 $\hat{R}_n(f)$ を最小にする代理の関数を $\hat{f}$ としよう．後者はサンプルの出方によって変化する確率変数であることに注意する．これらの関数と損失の組み合わせによって $R(f^*), R(\hat{f}), \hat{R}_n(\hat{f})$ という3つの損失の値を考えることができる[*5]．

- まず $R(f^*)$ は確率分布を知って最小化問題を解いたときに達成できる最小の期待損失の限界値である．
- 次に $\hat{R}_n(\hat{f})$ はサンプルから最適化した関数によって得られた経験損失で，これが唯一サンプルだけから計算できる損失の値である．
- また，$R(\hat{f})$ というのも重要な値である．これはサンプルから最適化した関数が実はどれだけの期待損失（汎化誤差）をもつものなのかを評価する値である．

これらがどれだけ近いかが汎化能力を表わす指標になる．たとえば

$$E_1 = R(\hat{f}) - R(f^*) \tag{7.36}$$

は，今選んだ $\hat{f}$ が達成できる期待損失はベストの場合に比べてどれだけ悪いかという量を表わしている．また一方，

[*5] このほかに $\hat{R}_n(f^*)$ という量があるが，今の場合これはあまり関係ない．

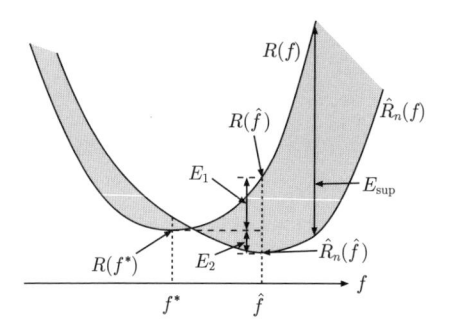

7.3 関数の複雑さと汎化の理論 ◆ 179

図 7.2 汎化能力は期待損失 $R(f)$ と経験損失 $\hat{R}_n(f)$ との近さが問題になる。$R(f)$ を最小にする関数 f^* と $\hat{R}_n(f)$ を最小にする関数 $\hat{f}$ がどれくらい違うかを測る尺度として 図中の E_1, E_2 などが考えられるが，実際に一般的な評価ができるのはそれらの上限である $E_{\sup}$ である．

$$E_2 = \hat{R}_n(\hat{f}) - R(f^*) \tag{7.37}$$

は，本当に達成できる損失が，現在計算される $\hat{R}_n(\hat{f})$ に比べてどれだけ小さいものかを評価する量である．これらの関係を図 7.2 に示す．

(2) ノンパラメトリック性の仮定

この辺りまでの設定はどのような学習理論でも大差ない．ただし，ここから先の論理展開は理論の仮定によってかなり異なる．たとえば分布が正規分布だと仮定し，線形モデルを解析すれば，伝統的な多変量解析が作り上げた美しい理論が構築でき，汎化誤差の推定のみならず仮説検定のさまざまな手段などを提供する．ただし，カーネル法を使うような現代の多変量解析ではそのような仮定の多くが成り立たないので，ここでは分布に関しては特に仮定をおかないというノンパラメトリックな立場を取ることにする．ただしそのデメリットとしてかなり弱いことしか言えなくなることを注意しておく．

(3) 信頼区間と一様収束性

さて，サンプルから計算される $\hat{f}$ は確率変数だから，上記の E_1 や E_2 といった値も確率変数となる．これを評価するために，平均や分散といった統計量

を計算することも考えられるが，ここではより一般に

$$P[E_1 > \epsilon] \tag{7.38}$$

のような信頼区間を考えることにする．これが厳密に求められれば終わりだが，話はそんなに単純ではない．

まず，E_1 や E_2 を直接評価するのは大変なので，その代わりに

$$E_{\sup} = \sup_f |R(f) - \hat{R}_n(f)| \tag{7.39}$$

という値を考えることにする．

もし $E_{\sup}$ の信頼区間がわかれば E_1 や E_2 の信頼区間の上限がわかる．実際，

$$E_{\sup} < \epsilon \tag{7.40}$$

が成り立てば，

$$\begin{aligned}
E_1 &= R(\hat{f}) - R(f^*) \\
&= \underbrace{(R(\hat{f}) - \hat{R}_n(\hat{f}))}_{<\epsilon} + \underbrace{(\hat{R}_n(\hat{f}) - \hat{R}_n(f^*))}_{<0} - \underbrace{(R(f^*) - \hat{R}_n(f^*))}_{<\epsilon} \\
&\leq 2\epsilon
\end{aligned} \tag{7.41}$$

が成り立ち，

$$\begin{aligned}
|E_2| &= |\hat{R}_n(\hat{f}) - R(f^*)| \\
&= |(\hat{R}_n(\hat{f}) - R(\hat{f})) + (R(\hat{f}) - R(f^*))| \\
&\leq |\hat{R}_n(\hat{f}) - R(\hat{f})| + |R(\hat{f}) - R(f^*)| \\
&\leq \epsilon + E_1 \leq 3\epsilon
\end{aligned} \tag{7.42}$$

が成り立つ．$E_{\sup}$ を考えるのは，E_1 や E_2 が f^* に依存していたのに対し，$E_{\sup}$ はどの f に対しても成り立つので評価がやや簡単になるという事情がある．

このように，実際に評価できるのは信頼区間そのものではなく，その上限の

値である．この辺りも確率分布に何も仮定しなかったから仕方がない部分とも言える．なお，

$$P[E > \epsilon] \leq \delta \tag{7.43}$$

を別の言い方をすれば，「$1-\delta$ 以上の確率で

$$E < \epsilon \tag{7.44}$$

が成り立つ」となり，以下でもそのような言い方をするので注意しておく．

（4） マクダイアミッドの不等式

とりあえずsupを取るのは後で考えることにし，ここではある固定した f について考えよう．サンプル平均が期待値に収束していく様子を定量的に評価する式は数多くある．最もよく知られたチェビシェフ（Chebyshev）の不等式を使えば，

$$P(|\hat{R}_n(f) - R(f)| > \epsilon) \leq \frac{\mathrm{Var}[r(\boldsymbol{x}; f)]}{n\epsilon^2} \tag{7.45}$$

という評価が得られる．これは非常に一般的な式ではあるが，$\hat{R}_n(f)$ が n 個の独立な確率変数に依存した値であるという性質をほとんど使っておらず，不等式の右辺はサンプル数 n が大きくなってもゆるやかにしか0に近づかない．確率統計の基本定理である中心極限定理を使えば，n に関して指数的に減衰する不等式が成り立つが，ここでは後の議論でも有用なより一般的な問題に成り立つ以下の不等式を用いる．

定理15（マクダイアミッド（**McDiarmid**）の不等式）

確率変数 $\boldsymbol{x}^{(1)}, \ldots, \boldsymbol{x}^{(n)} \in \mathcal{X}$ が独立同分布に従うとし，n 変数関数 $g(\boldsymbol{x}^{(1)}, \ldots, \boldsymbol{x}^{(n)})$ の一つの成分の値を変えたときの変化が定数 c_i で押さえられるとする．すなわち，任意の $\boldsymbol{x}^{(1)}, \ldots, \boldsymbol{x}^{(n)}, \hat{\boldsymbol{x}}^{(i)} \in \mathcal{X}$ に対し，

$$|g(\boldsymbol{x}^{(1)}, \ldots, \boldsymbol{x}^{(i)}, \ldots, \boldsymbol{x}^{(n)}) - g(\boldsymbol{x}^{(1)}, \ldots, \hat{\boldsymbol{x}}^{(i)}, \ldots, \boldsymbol{x}^{(n)})| \leq c_i \tag{7.46}$$

とする．このとき

$$P[g(\boldsymbol{x}^{(1)},\dots,\boldsymbol{x}^{(n)}) - \mathrm{E}_{\mathcal{D}}[g(\boldsymbol{x}^{(1)},\dots,\boldsymbol{x}^{(n)})] > \epsilon] \leq \exp\left(-\frac{2\epsilon^2}{\sum_{i=1}^{n} c_i^2}\right) \tag{7.47}$$

が成り立つ．ただし，$\mathrm{E}_{\mathcal{D}}$ はサンプル $\boldsymbol{x}^{(1)},\dots,\boldsymbol{x}^{(n)}$ の結合分布 $p(\boldsymbol{x}^{(1)},\boldsymbol{x}^{(2)},\dots,\boldsymbol{x}^{(n)}) = \prod_{i=1}^{n} p(\boldsymbol{x}^{(i)})$ に関する期待値

$$E_{\mathcal{D}}[\,\cdot\,] = \int \cdot \prod_{i=1}^{n} p(\boldsymbol{x}^{(i)}) d\boldsymbol{x}^{(1)}\dots d\boldsymbol{x}^{(n)} \tag{7.48}$$

を表わす． □

特に g として，損失関数の期待値を考えれば，ヘフディング（Hoeffding）の不等式

$$P(\hat{R}_n(f) - R(f) > \epsilon) \leq \exp\left(-\frac{2n\epsilon^2}{(b-a)^2}\right) \tag{7.49}$$

が得られる．ただし，損失関数 $r(\boldsymbol{x}; f)$ は区間 $[a,b]$ 上を分布するとした．この不等式の右辺は n が増えると指数的に減少する．また，この不等式の右辺を δ とおいて ϵ について解くことによって式 (7.44) のように言い換えると，「$1-\delta$ 以上の確率で

$$\hat{R}_n(f) < R(f) + (b-a)\sqrt{\frac{-\ln\delta}{2n}} \tag{7.50}$$

が成り立つ」ということと等価になる．

(c) ラデマッハー複雑度による評価

(1) 一様収束性の評価

ここで，損失関数の差の上限 E_{sup} にもどって考えよう．我々の目標はこれを関数の複雑さと定量的に結びつけることである．

マクダイアミッドの不等式で，

$$g(X_1,\dots,X_n) = \sup_{f}\{\hat{R}_n(f) - R(f)\} \tag{7.51}$$

を取る．ここで g は区間 $[a,b]$ 上を分布するとする．すると，$1-\delta$ 以上の確率で

$$\sup_{f}\{\hat{R}_n(f)-R(f)\} \leq \mathrm{E}_{\mathcal{D}}[\sup_{f}\{\hat{R}_n(f)-R(f)\}]+(b-a)\sqrt{\frac{-\ln\delta}{2n}} \quad (7.52)$$

が成り立つ．実は，この右辺第 1 項がさらにラデマッハー（Rademacher）複雑度と呼ばれる関数の複雑度で抑えられることがわかる．導出には何ステップかが必要なので，ラデマッハー複雑度の定義と結果の不等式を先に示すことにしよう．

(2) ラデマッハー複雑度とは

公平なコインを n 回振って，表が出たら 1，裏が出たら -1 となる n 次元確率変数 $(\sigma_1,\ldots,\sigma_n)\in\{\pm 1\}^n$ のことをラデマッハー確率変数という．

実関数の集合 $\mathcal{G}$ のラデマッハー複雑度は，このラデマッハー確率変数を使って以下のように定義される．まず，

$$\hat{C}_n(\mathcal{G},\mathcal{D}) = \mathrm{E}_{\sigma}\left[\sup_{g\in\mathcal{G}}\frac{1}{n}\sum_{i=1}^{n}\sigma_i g(\boldsymbol{x}^{(i)})\right] \quad (7.53)$$

を $\mathcal{G}$ の経験ラデマッハー複雑度と呼び，そのデータに関する期待値

$$C_n(\mathcal{G}) = \mathrm{E}_{\mathcal{D}}[\hat{C}_n(\mathcal{G},\mathcal{D})] \quad (7.54)$$

を（期待）ラデマッハー複雑度と呼ぶ．

なぜこれが関数の複雑度と関係しているかを簡単に説明しよう．ラデマッハー確率変数 $\sigma_1,\ldots,\sigma_n$ はまったくランダムな値でノイズのようなものとみなすことができる．そのノイズに対して $\mathcal{G}$ の中の関数がどれだけあてはまるかを表わしたのがラデマッハー複雑度である．当然，記述能力が高い関数集合ほどこの値は大きくなる．

(3) 汎化能力の評価

さて，ラデマッハー複雑度を使って，損失関数の差の一様収束性を定量的に評価したのが以下の定理である．

定理 16（汎化誤差の上限）

$\mathcal{X}$ 上の関数 $f(\boldsymbol{x})$ 全体の集合を $\mathcal{F}$ とする．損失関数 $r(\boldsymbol{x};f)$ は $[a,b]$ 上を分

布するとし，$\mathcal{F}$ 上の関数で計算される $r(\boldsymbol{x};f)$ の集合を $r_\mathcal{F}$ とおく．つまり，

$$r_\mathcal{F} = \{(\boldsymbol{x},f) \mapsto r(\boldsymbol{x};f) \mid \boldsymbol{x} \in \mathcal{X}, f \in \mathcal{F}\} \tag{7.55}$$

とする．このとき，$1-\delta$ 以上の確率で

$$\sup_{f\in\mathcal{F}}\{\hat{R}_n(f) - R(f)\} \le 2C_n(r_\mathcal{F}) + (b-a)\sqrt{\frac{\ln(1/\delta)}{2n}} \tag{7.56}$$

が成り立つ． □

式(7.52)より，この定理を証明するためには

$$A = \mathrm{E}_\mathcal{D}[\sup_{f\in\mathcal{F}}\{\hat{R}_n(f) - R(f)\}] \le 2C_n(r_\mathcal{F}) \tag{7.57}$$

を示せばよい．これを段階的に見ていこう．

[1] まず，経験損失の期待値は期待損失だから，$\mathcal{D}$ とは別の独立なサンプル集合 $\mathcal{D}'=\boldsymbol{x}^{(1)'},\ldots,\boldsymbol{x}^{(n)'}$ を取り，

$$A = \mathrm{E}_\mathcal{D}[\sup_{f\in\mathcal{F}}\{\hat{R}_n(f) - \mathrm{E}_{\mathcal{D}'}\hat{R}'_n(f)\}] \tag{7.58}$$

が成り立つ．ただし，$\hat{R}'_n(f)$ は $\mathcal{D}'$ に対する経験損失

$$\hat{R}'_n(f) = \frac{1}{n}\sum_{i=1}^n r(\boldsymbol{x}^{(i)'};f) \tag{7.59}$$

を表わす．

[2] 一般に，sup の期待値は，期待値の sup よりも大きいので[*6]，

$$A \le \mathrm{E}_{\mathcal{D},\mathcal{D}'}[\sup_{f\in\mathcal{F}}\{\hat{R}_n(f) - \hat{R}'_n(f)\}] = B \tag{7.60}$$

が成り立つ．

[3] ここでラデマッハー確率変数をダミー変数として導入する．$\mathcal{D}$ と $\mathcal{D}'$ は同じ分布からのサンプルであり，$\sup_{f\in\mathcal{F}}\{\hat{R}_n(f) - \hat{R}'_n(f)\}$ と $\sup_{f\in\mathcal{F}}\{\hat{R}'_n(f) - \hat{R}_n(f)\}$ は $\mathrm{E}_{\mathcal{D},\mathcal{D}'}$ の期待値操作において等しい重みで足されるので，± 1 のランダム変数を掛けてから後で期待値を取っても値は変わらない．した

[*6] たとえばクラスで一番背の高い人を複数のクラスから集めて平均を取ると，それぞれのクラスの平均身長を集めてその最大値を取ったものよりも大きくなる．

がって,

$$B = \mathrm{E}_{\sigma,\mathcal{D},\mathcal{D}'}\left[\sup_{f\in\mathcal{F}}\left\{\frac{1}{n}\sum_{i=1}^{n}\sigma_i(r(\boldsymbol{x}^{(i)};f)-r(\boldsymbol{x}^{(i)'};f))\right\}\right] \quad (7.61)$$

となる.

[4] ここまでくれば後は三角不等式により

$$\sigma_i(r(\boldsymbol{x}^{(i)};f)-r(\boldsymbol{x}^{(i)'};f)) < |\sigma_i r(\boldsymbol{x}^{(i)};f)|+|\sigma_i r(\boldsymbol{x}^{(i)'};f))| \quad (7.62)$$

だから,

$$B \le 2\mathrm{E}_{\sigma,\mathcal{D}}\left[\sup_{f\in\mathcal{F}}\frac{1}{n}\left|\sum_{i=1}^{n}\sigma_i r(\boldsymbol{x}^{(i)};f)\right|\right] \quad (7.63)$$

となり,この右辺の中の絶対値は不要になるので,右辺は $2C_n(r_\mathcal{F})$ に等しくなる.

(4) 損失の複雑度と関数の複雑度

定理 16 において,ラデマッハー複雑度は用いるモデル(本書で言えばカーネル関数)の集合に対してではなく,損失関数に対するものが用いられていることを注意しておく.これは,汎化能力の評価はどんなモデル(関数集合を規定)を使ってどんな問題(損失関数を規定)を解くかに依存していることを表わしている.したがって,一般には問題ごとに汎化能力の理論を作っていく必要があるが,特別な場合には損失関数の複雑度とモデルの複雑度に一定の関係があることが知られている.

定理 17 2 クラス識別問題 $y=f(\boldsymbol{x})$, $y=\pm 1$ で,2 値の損失関数

$$r_f(\boldsymbol{x},y) = (1-yf(\boldsymbol{x}))/2 \quad (7.64)$$

を取ると,

$$C_n(r_\mathcal{F}) = \frac{C_n(\mathcal{F})}{2} \quad (7.65)$$

が成立する. □

[証明] 直線的に示すことはできるが少々こみ入っている.

$$C_n(r_{\mathcal{F}}) = \mathrm{E}_{\mathcal{D}}\left[E_\sigma\left(\sup_{f\in\mathcal{F}} \frac{1}{n}\sum_{i=1}^n \sigma_i \frac{1-y^{(i)}f(\boldsymbol{x}^{(i)})}{2}\bigg|\mathcal{D}\right)\right]$$

$$= \mathrm{E}_{\mathcal{D}}\left[E_\sigma\left(\frac{1}{2n}\sum_{i=1}^n \sigma_i + \sup_{f\in\mathcal{F}}\frac{1}{n}\sum_{i=1}^n \frac{-\sigma_i y^{(i)} f(\boldsymbol{x}^{(i)})}{2}\bigg|\mathcal{D}\right)\right]$$

$$= 0 + \mathrm{E}_{\mathcal{D}}\left[E_\sigma\left(\sup_{f\in\mathcal{F}}\frac{1}{n}\sum_{i=1}^n \frac{(-\sigma_i y^{(i)})f(\boldsymbol{x}^{(i)})}{2}\bigg|\mathcal{D}\right)\right]$$

$$= \mathrm{E}_{\mathcal{D}}\left[E_\sigma\left(\sup_{f\in\mathcal{F}}\frac{1}{n}\sum_{i=1}^n \frac{\sigma_i f(\boldsymbol{x}^{(i)})}{2}\bigg|\mathcal{D}\right)\right] = \frac{C_n(\mathcal{F})}{2} \qquad (7.66)$$

ただし，$E_{\mathcal{D}}$ は $y^{(i)}$ についても和を取るように定義していることに注意しておく．また，最後に $-y^{(i)}\sigma_i$ を σ_i に置き換えているのは対称性から後で和を取るからである．（証明終）

(d) カーネル関数の複雑度

定理17により，

モデルの集合のラデマッハー複雑度

⇓

2値損失関数の集合のラデマッハー複雑度

⇓

2クラス識別問題の汎化能力の評価

という流れで汎化能力が評価できることがわかった．ここではカーネル関数の作る集合のラデマッハー複雑度を次の定理で与えよう．

定理18 ノルムの制限されたカーネル関数のクラス（これは正則化にも対応する）

$$\{\sum_{i=1}^n \alpha_i k(\boldsymbol{x}^{(i)}, \boldsymbol{x}) \mid \boldsymbol{\alpha}^{\mathrm{T}} K \boldsymbol{\alpha} \leq \lambda^2\} \subset \{f \in \mathcal{K} \mid \|f\| \leq \lambda\} = \mathcal{F}_\lambda \qquad (7.67)$$

を考えると

$$\hat{C}_n(\mathcal{F}_\lambda) \leq \frac{\lambda}{n}\sqrt{\mathrm{tr}K} \qquad (7.68)$$

が成り立つ． □

[証明] ラデマッハー確率変数 $\boldsymbol{\sigma} = (\sigma_1, \ldots, \sigma_n)$ に対し，

7.3 関数の複雑さと汎化の理論 ◆ 187

$$\sup_{f \in \mathcal{F}_\lambda} \frac{1}{n} \sum_{i=1}^n \sigma_i f(\boldsymbol{x}^{(i)}) = \sup_{\|f\|_\mathcal{K} \leq \lambda} \langle \frac{1}{n} \sum_{i=1}^n \sigma_i k(\boldsymbol{x}^{(i)}, \cdot), f \rangle_\mathcal{K}$$

$$= \lambda \left\| \frac{1}{n} \sum_{i=1}^n \sigma_i k(\boldsymbol{x}^{(i)}, \cdot) \right\|_\mathcal{K}$$

$$= \frac{\lambda}{n} \sqrt{\boldsymbol{\sigma}^\mathrm{T} K \boldsymbol{\sigma}} \quad (7.69)$$

だから,これを $\boldsymbol{\sigma}$ について平均すると,

$$\hat{C}_n(\mathcal{F}_\lambda) = \frac{\lambda}{n} \mathrm{E}_{\boldsymbol{\sigma}} \left[\sqrt{\boldsymbol{\sigma}^\mathrm{T} K \boldsymbol{\sigma}} \right] \leq \frac{\lambda}{n} \sqrt{\mathrm{E}_{\boldsymbol{\sigma}}[\boldsymbol{\sigma}^\mathrm{T} K \boldsymbol{\sigma}]} = \frac{\lambda}{n} \sqrt{\mathrm{tr} K} \quad (7.70)$$

が成り立つ.ただし,最後の等式は

$$\boldsymbol{\sigma}^\mathrm{T} K \boldsymbol{\sigma} = \sum_i K_{ii} + \sum_{i \neq j} \sigma_i \sigma_j K_{ij} \quad (7.71)$$

を $\boldsymbol{\sigma}$ について平均を取ることによって得られる.(証明終)

この定理により,カーネル関数に対して正則化を施してノルムの大きさを抑えた関数集合の汎化能力が定量的に抑えられることになる[*7].ノルムの大きさは,サポートベクトルマシンではマージンの逆数に相当する.したがって式(7.68)より,λ が小さい,つまりマージンが大きいほど関数の複雑度は小さくなり,汎化能力の向上に寄与することがわかる.

(e) VC 次元との関係

サポートベクトルマシンの汎化能力の解説では VC 次元という言葉がよく出てくる.ここでは本書で紹介したラデマッハー複雑度との関係について簡単に触れておく.感覚的には VC 次元が調理された料理に相当するのに対し,ラデマッハー複雑度は調理する前の材料のようなものであり,ラデマッハー複雑度のほうがさまざまな料理の仕方の可能性を残している.

さて,関数の集合が有限ならラデマッハー複雑度はその集合のサイズによって決まる値で上から抑えられる.つまり,$\mathcal{F}$ が有限個の集合で,$\mathcal{F}$ に属する

[*7] ただし,前にも述べたようにこれは関数集合のラデマッハー複雑度であり,汎化能力を定量的に評価するには(2 クラス識別の場合のような特殊な場合を除いて)一般に損失関数の複雑度を評価する必要がある.

関数が有界であれば，

$$C_n(\mathcal{F}) \leq \sqrt{\frac{a}{n} \ln |\mathcal{F}|} \tag{7.72}$$

という関係が成り立つ(a は定数)．これは以下の補題からすぐに導かれる．

補題 1（マサール（**Massart**）の有限クラス補題）
$\mathbb{R}^n$ の有限集合 A があり，$\boldsymbol{a}=(a_1,a_2,\ldots,a_n)\in A$ に対して

$$\max_{\boldsymbol{a}\in A} \sum_{i=1}^{n} a_i^2 = R^2 \tag{7.73}$$

とおくと，ラデマッハー確率変数 $\boldsymbol{\sigma}=(\sigma_1,\ldots,\sigma_n)$ に対し，

$$\mathrm{E}_\sigma \left[\max_{\boldsymbol{a}\in A} \sum_{i=1}^{n} \sigma_i a_i\right] \leq R\sqrt{2\ln|A|} \tag{7.74}$$

が成り立つ．

［証明］ $s>0$, $Z_a=\sum_{i=1}^{n} \sigma_i a_i$ とすると，任意の確率変数 X について $\exp(\mathrm{E}[X])\leq \mathrm{E}[\exp(X)]$ ゆえ，

$$\exp(s\mathrm{E}_\sigma[\max_{\boldsymbol{a}\in A} Z_a]) \leq \mathrm{E}_\sigma[\exp(s\max_{\boldsymbol{a}\in A} Z_a)] \tag{7.75}$$

となる．また，やはり任意の確率変数 X について $f(X)>0$ なら $\sup_X f(X) \leq \sum_X f(X)$ が成り立つので

$$\text{上式の右辺} = \mathrm{E}_\sigma[\max_{\boldsymbol{a}\in A}\exp(sZ_a)] \leq \sum_{\boldsymbol{a}\in A} \mathrm{E}_\sigma[\exp(sZ_a)] \tag{7.76}$$

が成り立つ．ここで確率変数 X が平均 0 で，区間 $[a,b]$ に分布しているとき，

$$\mathrm{E}_X[\exp(sX)] \leq \exp(s^2(b-a)^2/8) \tag{7.77}$$

が成り立つ（ヘフディングの補題）ので，式(7.76)の最右辺は

$$\sum_{\boldsymbol{a}\in A} \mathrm{E}_\sigma[\exp(sZ_a)] \leq \sum_{\boldsymbol{a}\in A} \exp\left(\frac{s^2}{2}\sum_{i=1}^{n} a_i^2\right) \leq |A|\exp\left(\frac{s^2 R^2}{2}\right) \tag{7.78}$$

で上からおさえられる．したがって，式(7.75)から，

$$\mathrm{E}_\sigma[\max_{\boldsymbol{a}\in A} Z_a] \leq \inf_s \left(\frac{\ln|A|}{s} + \frac{sR^2}{2}\right) = R\sqrt{2\ln|A|} \tag{7.79}$$

が言える．（証明終）

7.3 関数の複雑さと汎化の理論 ◆ 189

マサールの補題において，$a_i = r(\boldsymbol{x}^{(i)}, f)/n$ とおけば $R \propto 1/\sqrt{n}$ となるので，式(7.72)が導かれる．

それでは，$\mathcal{F}$ の要素数がどんどん大きくなって，無限の要素からなる集合に対してはラデマッハー複雑度は無限になってしまうかというとそうではない．ラデマッハー複雑度はあくまで $(f(\boldsymbol{x}^{(1)}), f(\boldsymbol{x}^{(2)}), \ldots, f(\boldsymbol{x}^{(n)}))$ という n 個の要素に対して計算されるので，$\boldsymbol{x}^{(1)}, \boldsymbol{x}^{(2)}, \ldots, \boldsymbol{x}^{(n)}$ を固定すれば有限個の関数を考えているのと同等である．

具体的に，$f(\boldsymbol{x})$ が 0 か 1 の 2 値を取る場合を考えてみれば，$(f(\boldsymbol{x}^{(1)}), f(\boldsymbol{x}^{(2)}), \ldots, f(\boldsymbol{x}^{(n)}))$ というベクトルは高々 2^n 個の値しか取り得ない．これを式(7.72)に代入すれば $C_n(\mathcal{F})$ は n に無関係な正の定数となる．だが，これではいくらサンプル数を増やしても経験損失が期待損失に収束しないということになり，望む結果ではない．$C_n(\mathcal{F})$ が 0 に収束することを示すためには $(f(\boldsymbol{x}_1), f(\boldsymbol{x}_2), \ldots, f(\boldsymbol{x}_n))$ の場合の数が n の指数オーダーの値を取ってはまずいのである．

そこで登場するのが VC 次元という考え方である．$f(\boldsymbol{x})$ が 0 か 1 の 2 値を取るときに，$(f(\boldsymbol{x}_1), f(\boldsymbol{x}_2), \ldots, f(\boldsymbol{x}_n))$ の取り得る場合の数 $N(\mathcal{F})$ を考えよう．n が小さいうちは $\mathcal{F}$ はサンプルに完全にあてはめられるので 2^n のすべての値を取り得るであろう．だが，n が大きくなるに従ってだんだんそれが難しくなり，どのように $\boldsymbol{x}^{(1)}, \ldots, \boldsymbol{x}^{(n)}$ を取っても 2^n 個の場合を表現しきれなくなる境目がある．その境目の n が **VC**(Vapnik-Chervonenkis)次元 $d_{\mathcal{F}}$ である．

VC 次元のもつ最大の性質は，$d_{\mathcal{F}}$ より大きい n に対しては

$$N(\mathcal{F}) \leq \left(\frac{n}{d_{\mathcal{F}}}\right)^{d_{\mathcal{F}}} \exp(d_{\mathcal{F}}) \qquad (7.80)$$

となることである．これは $d_{\mathcal{F}}$ が大きければ非常に大きな値になるが，n の指数関数に比べればずっと小さい．これを式(7.72)に代入すれば

$$C_n(\mathcal{F}) \leq \sqrt{\frac{a}{n}(d_{\mathcal{F}} \ln(n/d_{\mathcal{F}}) + d_{\mathcal{F}})} \qquad (7.81)$$

となり，これは n が大きくなるに従って 0 に収束していくことがわかる．

この議論からわかるように，VC 次元も基本的には損失関数の集合に対して

定義されることに注意しよう．また，簡単のため 2 値の関数で説明したが，2 値でなくとも同様の議論を展開することができる．くわしくは学習理論に関する参考文献を参照されたい．

A 付　録

A.1　回帰問題の leave-one-out クロスバリデーション誤差の導出

2章の式(2.39)を示すためにいくつか記号の定義をしておこう．まず，すべてのデータを使ってあてはめた関数を $\hat{f}(\boldsymbol{x})$ とおき，i 番目を除いた $n-1$ 個のサンプルを使ってあてはめを行なった関数を $\hat{f}_{-i}(\boldsymbol{x})$ とおく．さらに，$\boldsymbol{y}$ の i 番目の成分を $\hat{f}_{-i}(\boldsymbol{x}^{(i)})$ で置き換えた n 個のサンプルを使ってあてはめた関数を $\hat{f}_{-i}^{+}(\boldsymbol{x})$ とする．

■ leave-one-out の補題

i 番目のサンプルを除いてあてはめた結果 $\hat{f}_{-i}(\boldsymbol{x}^{(i)})$ と，i 番目のサンプルを $(\boldsymbol{x}^{(i)}, \hat{f}_{-i}(\boldsymbol{x}^{(i)}))$ で置き換えてあてはめた結果は一致する．つまり，

$$\hat{f}_{-i}(\boldsymbol{x}) = \hat{f}_{-i}^{+}(\boldsymbol{x}) \tag{A.1}$$

が成り立つ． □

[証明]　直観的にはあてはめた曲線の上の点を後から追加してもあてはめ結果は変わらないということである．y と $f(\boldsymbol{x})$ の誤差を表わす損失関数を $r(y, f(\boldsymbol{x}))$，また，f に対する正則化項を $\lambda\Omega(f)$ と表わすことにする．まず，$\hat{f}_{-i}^{+}(\boldsymbol{x})$ は

$$R^{+}(f) = r(\hat{f}_{-i}(\boldsymbol{x}^{(i)}), f(\boldsymbol{x}^{(i)})) + \sum_{j \neq i} r(y^{(j)}, f(\boldsymbol{x}^{(j)})) + \lambda\Omega(f) \tag{A.2}$$

を最小にするような f である．一方，$r(\hat{f}_{-i}(\boldsymbol{x}^{(i)}), \hat{f}_{-i}(\boldsymbol{x}^{(i)})) = 0$ だから

$$R^{+}(\hat{f}_{-i}) = \sum_{j \neq i} r(y^{(j)}, \hat{f}_{-i}(\boldsymbol{x}^{(j)})) + \lambda\Omega(\hat{f}_{-i}) \tag{A.3}$$

となるが，この右辺は i 番目のサンプルを除いた損失関数 + 正則化項だから，$\hat{f}_{-i}$ はこれを最小にする関数である．つまり，任意の f について，

$$\begin{aligned} R^+(\hat{f}_{-i}) &\leq \sum_{j\neq i} r(y^{(j)}, f(\boldsymbol{x}^{(j)})) + \lambda \Omega(f) \\ &\leq \underbrace{r(\hat{f}_{-i}(\boldsymbol{x}^{(i)}), f(\boldsymbol{x}^{(i)}))}_{\geq 0} + \sum_{j\neq i} r(y^{(j)}, f(\boldsymbol{x}^{(j)})) + \lambda \Omega(f) \\ &= R^+(f) \end{aligned} \tag{A.4}$$

となるので，$\hat{f}_{-i}$ も $R^+(f)$ を最小にする f であることがわかる．したがって $\hat{f}_{-i} = \hat{f}_{-i}^+$ が言える．（証明終）

線形モデルの leave-one-out クロスバリデーション誤差の導出

leave-one-out の補題より，

$$\hat{f}_{-i}(\boldsymbol{x}^{(i)}) = \hat{f}_{-i}^+(\boldsymbol{x}^{(i)}) = \sum_{j\neq i} H_{ij} y^{(j)} + H_{ii} \hat{f}_{-i}(\boldsymbol{x}^{(i)}) \tag{A.5}$$

であり，

$$\hat{f}(\boldsymbol{x}^{(i)}) = \tilde{y}^{(i)} = \sum_{j=1}^n H_{ij} y^{(j)} \tag{A.6}$$

から，

$$\hat{f}(\boldsymbol{x}^{(i)}) - \hat{f}_{-i}(\boldsymbol{x}^{(i)}) = H_{ii}(y^{(i)} - \hat{f}_{-i}(\boldsymbol{x}^{(i)})) \tag{A.7}$$

が言える．これは

$$y^{(i)} - \hat{f}_{-i}(\boldsymbol{x}^{(i)}) = \frac{y^{(i)} - \hat{f}(\boldsymbol{x}^{(i)})}{1 - H_{ii}} \tag{A.8}$$

と等価であり，この二乗平均が求める leave-one-out クロスバリデーション誤差の式となる[*1]．

[*1] leave-one-out クロスバリデーションの欠点は尺度変換に不変ではないことであり，尺度不変性を追求した GCV (Generalized Cross-Validation) と呼ばれるものも用いられることがある．

$$\mathrm{GCV} = \frac{\sum_{i=1}^n (y^{(i)} - \tilde{y}^{(i)})^2}{1 - \mathrm{tr} H/n}$$

A.2 ラグランジュ関数と双対問題

ここでは最適化問題の双対問題について説明し,もとの問題の解が双対問題の解と KKT 条件から求められることを示す.

ここでは m 個の不等式制約をもつ最適化問題

$$\min_{\boldsymbol{x}} f(\boldsymbol{x}), \qquad g_i(\boldsymbol{x}) \leq 0, \quad i = 1, \ldots, m \qquad (\text{A.9})$$

を考え,そのラグランジュ関数を

$$L(\boldsymbol{x}, \boldsymbol{\lambda}) = f(\boldsymbol{x}) + \sum_{i=1}^{m} \lambda_i g_i(\boldsymbol{x}), \quad \boldsymbol{\lambda} \geq \boldsymbol{0} \qquad (\text{A.10})$$

とする.

まず,$\boldsymbol{x}$ を固定して $\boldsymbol{\lambda} \geq \boldsymbol{0}$ に関する $L(\boldsymbol{x}, \boldsymbol{\lambda})$ の最大化を行なった関数を

$$L_{\text{primal}}(\boldsymbol{x}) = \sup_{\boldsymbol{\lambda} \geq \boldsymbol{0}} L(\boldsymbol{x}, \boldsymbol{\lambda}) \qquad (\text{A.11})$$

とおく.$\boldsymbol{x}$ が制約を満たす場合には $L(\boldsymbol{x}, \boldsymbol{\lambda})$ は $\boldsymbol{\lambda} = \boldsymbol{0}$ のとき最大だから,$L_{\text{primal}}(\boldsymbol{x})$ は $f(\boldsymbol{x})$ そのものである.一方,$\boldsymbol{x}$ が制約を満たさない場合は満たされない制約に対応する λ_i を大きくすればいくらでも大きくなるので $L_{\text{primal}}(\boldsymbol{x}) = \infty$ となる.したがって,L_{primal} を $\boldsymbol{x}$ について最小化する問題

$$\min_{\boldsymbol{x}} L_{\text{primal}}(\boldsymbol{x}) \qquad (\text{A.12})$$

は,もとの最適化問題と等価であり,**主問題**と呼ばれる.

逆に,$\boldsymbol{\lambda} = (\lambda_1, \ldots, \lambda_m)^{\text{T}}$ を固定したとき,$\boldsymbol{x}$ に関する $L(\boldsymbol{x}, \boldsymbol{\lambda})$ の最小値を

$$L_{\text{dual}}(\boldsymbol{\lambda}) = \inf_{\boldsymbol{x}} L(\boldsymbol{x}, \boldsymbol{\lambda}) \qquad (\text{A.13})$$

とおく.L_{dual} の $\boldsymbol{\lambda}$ に関する最大化問題

$$\max_{\lambda_1, \ldots, \lambda_m \geq 0} L_{\text{dual}}(\boldsymbol{\lambda}) \qquad (\text{A.14})$$

を双対問題と呼ぶ.

双対問題は,もとの問題の凸性とは無関係に凹関数の最大化問題になってい

る．このことから，双対問題は多くの最適化問題において重要な役割を果たしている[*2]．

双対問題の解を使って主問題の解を得るためには以下のような性質が利用できる．

双対問題と主問題との関係

4章4.1節の定理1と同じ最適化問題を考え，必要な正則条件を満たすとする．この最適化問題の双対問題が解 $\boldsymbol{\lambda}^*$ をもち，$L_{\mathrm{dual}}(\boldsymbol{\lambda})$ が有界であるとする．このとき，主問題の最適解 $\boldsymbol{x}^*$ は，この $\boldsymbol{\lambda}^*$ をKKT条件に代入した条件を満たすものとして求められる．

これを示すためにまず，主問題の目的関数 $L_{\mathrm{primal}}(\boldsymbol{x})=\sup_{\boldsymbol{\lambda}\geq 0} L(\boldsymbol{x},\boldsymbol{\lambda})$ と双対問題の目的関数 $L_{\mathrm{dual}}(\boldsymbol{\lambda})=\inf_{\boldsymbol{x}} L(\boldsymbol{x},\boldsymbol{\lambda})$ との間に，以下の不等式が任意の $\boldsymbol{x}$ と $\boldsymbol{\lambda}\geq 0$ に対して成り立つことはそれぞれの定義からすぐにわかる．

$$L_{\mathrm{dual}}(\boldsymbol{\lambda}) \leq L(\boldsymbol{x},\boldsymbol{\lambda}) \leq L_{\mathrm{primal}}(\boldsymbol{x}) \tag{A.15}$$

次に，鞍点というものを定義しよう．任意の $\boldsymbol{x},\boldsymbol{\lambda}$ について

$$L(\boldsymbol{x}^*,\boldsymbol{\lambda}) \leq L(\boldsymbol{x}^*,\boldsymbol{\lambda}^*) \leq L(\boldsymbol{x},\boldsymbol{\lambda}^*) \tag{A.16}$$

を満たす $\boldsymbol{x}^*,\boldsymbol{\lambda}^*$ が存在するときこれを $L(\boldsymbol{x},\boldsymbol{\lambda})$ の鞍点という（図A.1）．最適化問題の解はこの鞍点を使って特徴づけることができる．

定理19（鞍点定理）

$\boldsymbol{x}^*,\boldsymbol{\lambda}^*$ が $L(\boldsymbol{x},\boldsymbol{\lambda})$ の鞍点であるための必要十分条件は，$\boldsymbol{x}^*$ が主問題の解，$\boldsymbol{\lambda}^*$ が双対問題の解であり，それらに対して式(A.15)が等式で満たされることである．つまり，

$$L_{\mathrm{dual}}(\boldsymbol{\lambda}^*) = \sup_{\boldsymbol{\lambda}\geq 0} L_{\mathrm{dual}}(\boldsymbol{\lambda}) = L_{\mathrm{primal}}(\boldsymbol{x}^*) = \inf_{\boldsymbol{x}} L_{\mathrm{primal}}(\boldsymbol{x}) \tag{A.17}$$

が成り立つ． □

［証明］ $\boldsymbol{x}^*,\boldsymbol{\lambda}^*$ が鞍点のとき，式(A.16)より

[*2] ただし，凸二次計画問題ではすでにもとの問題が凸なので，凸性だけから見ると違いはない．

A.2 ラグランジュ関数と双対問題 ◆ 195

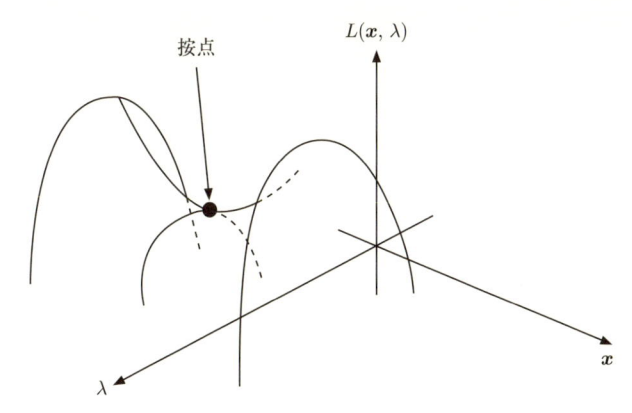

図 A.1 ラグランジュ関数の鞍点

$$L_{\text{primal}}(\boldsymbol{x}^*) = \sup_{\boldsymbol{\lambda} \geq \boldsymbol{0}} L(\boldsymbol{x}^*, \boldsymbol{\lambda}) = L(\boldsymbol{x}^*, \boldsymbol{\lambda}^*) = \inf_{\boldsymbol{x}} L(\boldsymbol{x}, \boldsymbol{\lambda}^*) = L_{\text{dual}}(\boldsymbol{\lambda}^*) \tag{A.18}$$

が成り立つ.したがって,

$$\inf_{\boldsymbol{x}} L_{\text{primal}}(\boldsymbol{x}) \leq L_{\text{primal}}(\boldsymbol{x}^*) = L_{\text{dual}}(\boldsymbol{\lambda}^*) \leq \sup_{\boldsymbol{\lambda} \geq \boldsymbol{0}} L_{\text{dual}}(\boldsymbol{\lambda}) \tag{A.19}$$

だが,式(A.15)という逆向きの不等式が成り立つので結局等号が成立する.

逆については,まず $\boldsymbol{x}^*, \boldsymbol{\lambda}^*$ をそれぞれ主問題と双対問題の解とすると,

$$L_{\text{primal}}(\boldsymbol{x}^*) = \sup_{\boldsymbol{\lambda} \geq \boldsymbol{0}} L(\boldsymbol{x}^*, \boldsymbol{\lambda}) \geq L(\boldsymbol{x}^*, \boldsymbol{\lambda}^*), \tag{A.20}$$

$$L_{\text{dual}}(\boldsymbol{\lambda}^*) = \inf_{\boldsymbol{x}} L(\boldsymbol{x}, \boldsymbol{\lambda}^*) \leq L(\boldsymbol{x}^*, \boldsymbol{\lambda}^*), \tag{A.21}$$

が成り立つ.式(A.17)からこれらの左辺が等しいので,

$$\sup_{\boldsymbol{\lambda} \geq \boldsymbol{0}} L(\boldsymbol{x}^*, \boldsymbol{\lambda}) = L(\boldsymbol{x}^*, \boldsymbol{\lambda}^*) = \inf_{\boldsymbol{x}} L(\boldsymbol{x}, \boldsymbol{\lambda}^*) \tag{A.22}$$

が言え,これは $\boldsymbol{x}^*, \boldsymbol{\lambda}^*$ が鞍点であることを意味している.(証明終)

このことから,まず双対問題の解 $\boldsymbol{\lambda}^*$ を求め,$(\boldsymbol{x}^*, \boldsymbol{\lambda}^*)$ が鞍点となるような $\boldsymbol{x}^*$ が求まればそれが主問題の解になっていることがわかる.特に f, g_i が微分可能な凸関数のとき,最適解が満たすべき必要十分条件は,$\boldsymbol{x}^*, \boldsymbol{\lambda}^*$ に対する

KKT条件で与えられた．だから結局 $\boldsymbol{\lambda}^*$ が双対問題から得られた後，KKT条件に代入して $\boldsymbol{x}^*$ を求めればよいことになる．

A.3 文献案内と謝辞

本書では紙面の都合などの関係で，触れられなかった話題や，十分説明しきれなかった内容もある．それらをより深く理解するために，ここでは関連する主要な文献などについて紹介しておこう．

まず，本書に関するサポートは以下の Web ページで行なう．

　　　　　　http://ibisforest.org/index.php?K-NEL

本書の内容や文献に関する追加情報についてもこちらで補っていく予定である．このほか，カーネル法に関する Web ページとして http://www.kernel-machines.org/ がある．また，カーネル法を含めた機械学習に関する日本語のポータルサイトとして http://ibisforest.org/ がある．

カーネル法は，統計学や関数解析，最適化理論などさまざまな分野が融合することによって発展を遂げている手法で，関連する文献も非常に多岐にわたる．カーネル法を勉強する際に問題になると思われるのは，このような融合領域では，それぞれの分野ごとに独自の概念や用語が用いられており，それらが若干の混乱を引き起こすおそれがあるということである．そのため，簡単なものでよいのでそれぞれの分野についてある程度の予備知識をもっておくことは有用である．

まず，(伝統的な線形の)多変量解析については，さまざまな解説書が存在するが，古典的な定番となっているのは洋書では[8]があり，和書では入門・実用向きのものとして[10]などがある．若干専門的な内容を知るためには[76][77]などが適当である(後者のほうが入門向けである)．また，統計学の百科事典的な存在である[79]も広く全体を俯瞰するのに役に立つ．

線形の多変量解析の基盤となるのは，線形代数と正規分布などの基本的な確率・統計の知識である．これらについても数多くの教科書が存在するが，特に多変量解析や機械学習を意識して書かれたものとして，線形代数では[32]があり，[30]は特に計算法について定評がある．確率・統計については[96]が

ある．

　一方，カーネル法まで含めて現代流の多変量解析法について説明された教科書としては，統計的な流れからは[33]があり，ベイズ的な手法やニューラルネットワークとの関連からは[17]，パターン認識を中心として述べたものとして[24][41][27]が定番であるほか，[11]の麻生による解説も非常にわかりやすく書かれている．そのほか[94]や[95]からもカーネル法を含め機械学習の最先端の研究の全貌を知ることができる．[56]はデータマイニングを軸にサポートベクトルマシンなどの手法も紹介している．

　さて，よりカーネル法に特化した文献について説明しよう．カーネル関数の一つの源流はスプライン関数による関数近似理論であり，再生核ヒルベルト空間の基礎的な理論もこの流れで形成された．関数近似の手法としては[61][73]などがあり，再生核ヒルベルト空間についての理論的な文献として，日本語では[65]，英語では[93][9][2][15][16]などが挙げられる．

　最近のカーネル法の発展について書かれたものはほとんどがサポートベクトルマシンの解説を軸に書かれている．サポートベクトルマシンの初等的な日本語の解説として[4][84][52][11][5]などがあり，より詳しい解説として[57][21][60][1]がある．サポートベクトルマシンが軸になってはいるものの，カーネル法に関する百科全書的な本として[68][70]があり，本書の執筆に際してもかなり参考にした．[62]は，正規過程を軸にカーネル法を解説したものである．

　サポートベクトルマシンをはじめ，4章で述べたような凸最適化に関しては最適化理論の分野の知識が必要となるが，これらについて書かれた教科書として[38][51][28][44]を挙げる．

　一方，本書ではあまり詳しく取り扱わなかったが，グラフや木構造といった複雑なデータ構造をもつ場合に対するカーネル設計についての解説として，[45][85][47][29]がある．これらを使った実際の応用分野として，バイオインフォマティクス分野の観点からは[49][54][69]などの文献があり，自然言語への応用については[43]などがある．また，最近推薦システムなどで注目されている，出力が順序であるような問題に応用したものとして[48]などがある．

7章で述べた汎化に関する学習理論について詳しいのは，サポートベクトルマシンの考案者自身による解説[90][91][92]のほか[35]である．学習理論については，代数幾何[39]や統計力学[22]などほかにも興味深いアプローチがさまざまに試みられている．また，モデル選択や正則化については[72][40]なども参考になる．

そのほか，カーネル法についてのワークショップが随時行なわれており，その論文をまとめた本が出版されている[67][74][13][18]．最新の成果をそこから知ることができる．

カーネル法を実際に自分の問題に試してみる場合，自分で一からプログラムを作ることもあるが，インターネット上で公開されているソフトウェアを試したり参考にしたりすることもできる．カーネル法を広く実装したプログラムとしてmatlab上で動作するspider(http://www.kyb.tuebingen.mpg.de/bs/people/spider/)やRのライブラリであるkernlab(http://cran.r-project.org/web/packages/kernlab/index.html)などがある．また，多様体あてはめについてはmatlab上で動作するmani(http://www.math.umn.edu/~wittman/mani/)がある．これらのプログラムは本書中の図を作成する際にも参考にした．

謝 辞

編者の麻生英樹氏，伊庭幸人氏には本書の構想の段階から詳細な御助言，御指導を賜った．小林景氏，末谷大道氏，松井知子氏には草稿に対して多数の不備を指摘して頂いた．また，津田宏治氏，福水健次氏とのカーネル法や多変量解析法に関する共同研究などが本書の執筆の上でも参考になった．さらに，岩波書店の吉田宇一氏には折に触れ温かい激励を頂くなど大変お世話になった．これらの方々のご協力なしには本書は完成しなかった．ここに深く感謝の意を表したい．

関連図書

[1] S. Abe. *Support Vector Machines for Pattern Classification*. Springer-Verlag, 2005.
[2] M. A. Aizerman, E. M. Braverman, and L. I. Rozonoer. Theoretical foundations of the potential function method in pattern recognition learning. *Automation and Remote Control*, Vol. 25, pp. 821-837, 1964.
[3] 赤穂昭太郎. カーネル正準相関分析. 情報論的学習理論ワークショップ (IBIS2000), pp. 123-128, 2000. 英語版：Int. Meeting of Psychometric Society 2001, arXiv:cs/0609071v2.
[4] 赤穂昭太郎, 津田宏治. サポートベクターマシン——基本的仕組みと最近の発展—. 数理科学, No. 444, pp. 52-58, 2000. 別冊数理科学 脳情報数理科学の発展 pp.78-85, 2002.
[5] 赤穂昭太郎. 線形と非線形をつなぐサポートベクトルマシン. 電子情報通信学会誌, Vol. 88, No. 9, pp. 730-734, 2005.
[6] S. Amari. *Differential Geometrical Methods in Statistics*. Lecture Notes in Statistics. Springer-Verlag, 1985.
[7] 甘利俊一, 狩野裕, 佐藤俊哉, 松山裕, 竹内啓, 石黒真木夫. 多変量解析の展開——隠れた構造と因果を推理する. 統計科学のフロンティア 5. 岩波書店, 2002.
[8] T. W. Anderson. *An introduction to multivariate statistical analysis, Second Edition*. John Wiley & Sons, 1984.
[9] N. Aronszajn. Theory of reproducing kernels. *Trans. Amer. Math. Soc.*, Vol. 68, pp. 337-404, 1950.
[10] 朝野煕彦. 入門 多変量解析の実際 第 2 版. 講談社, 2000.
[11] 麻生英樹, 津田宏治, 村田昇. パターン認識と学習の統計学. ——新しい概念と手法. 統計科学のフロンティア 6. 岩波書店, 2003.
[12] F. R. Bach and M. I. Jordan. Kernel indepent component analysis. *J. Machine Learning Research*, Vol. 3, pp. 1-48, 2002.
[13] G. Bakir, T. Hofmann, B. Schölkopf, A. J. Smola, B. Taskar, and S. V. N. Vishwanathan, editors. *Predicting Structured Data*. MIT Press, 2007.
[14] M. Belkin and P. Niyogi. Laplacian eigenmaps and spectral techniques for embedding and clustering. *Advances in Neural Processing Systems (NIPS14)*, pp. 585-591, 2002.
[15] C. Berg, J. P. R. Christensen, and P. Ressel. *Harmonic Analysis on Semigroups. Theory of Positive Definite and Related Functions*. Graduate Texts in Mathematics. Springer-Verlag, 1997.
[16] A. Berlinet and C. Thomas-Agnan. *Reproducing kernel Hilbert spaces in*

- [17] C. M. Bishop. *Pattern recognition and machine learning*. Springer-Verlag, 2006. 邦訳：元田浩，栗田多喜夫，樋口知之，松本裕治，村田昇監訳：パターン認識と機械学習——ベイズ理論による統計的予測(上下巻)，シュプリンガー・ジャパン, 2007-2008.
- [18] L. Bottou, O. Chapelle, D. DeCoste, and J. Weston, editors. *Large-scale kernel machines*. MIT Press, 2007.
- [19] F. R. K. Chung. *Spectral Graph Theory* (CBMS Regional Conference Series in Mathematics, No.92). Americal Mathematical Society, 1997.
- [20] K. Crammer and Y. Singer. On the algorithmic implementation of multiclass kernel-based vector machines. *J. Machine Learning Research*, Vol. 2, pp. 265-292, 2001.
- [21] N. Cristianini and J. Shawe-Taylor. *An Introduction to Support Vector Machines*. Cambridge University Press, 2000. 邦訳：大北剛訳：サポートベクターマシン入門，共立出版, 2005.
- [22] R. Dietrich, M. Opper, and H. Sompolinsky. Statistical mechanics of support vector networks. *Physical Review Letters*, Vol. 82, No. 14, pp. 2975-2978, 1999.
- [23] T. G. Dietterich and G. Bakiri. Solving multiclass learning problems via error-correcting output codes. *Journal of Machine Learning Research*, Vol. 2, pp. 263-286, 1995.
- [24] R. O. Duda, E. Hart, and D. G. Stork. *Pattern Classification, Second Edition*. John Wiley & Sons, 2000. 邦訳：尾上守夫監修：パターン識別，新技術コミュニケーションズ, 2001.
- [25] K. Fukumizu, F. R. Bach, and A. Gretton. Statistical consistency of kernel canonical correlation analysis. *J. Machine Learning Research*, Vol. 8, pp. 361-383, 2007.
- [26] K. Fukumizu, F. R. Bach, and M. I. Jordan. Dimensionality reduction for supervised learning with reproducing kernel hilbert spaces. *J. Machine Learning Research*, Vol. 5, pp. 73-99, 2004.
- [27] K. Fukunaga. *Introduction to statistical pattern recognition, second edition*. Computer Science and Scientific Computing Series. Academic Press, 1990.
- [28] 福島雅夫．非線形最適化の基礎．朝倉書店, 2001.
- [29] T. Gärtner. A survey of kernels for structured data. *SIGKDD Explorations*, Vol. 5, No. 1, pp. S268-S275, 2002.
- [30] G. H. Golub and C. F. van Loan. *Matrix computations, third edition*. John Hopkins University Press, 1996.
- [31] A. Gretton, R. Herbrich, A. Smola, O. Bousquet, and B. Schölkopf. Kernel methods for measuring independence. *J. Machine Learning Research*, Vol. 6,

pp. 2075-2129, 2005.
[32] D. A. Harville. *Matrix Algebra from a Statistician's Perspective*. Springer-Verlag, 1997. 邦訳：伊理正夫監訳：統計のための行列代数(上下巻), シュプリンガー・ジャパン, 2007.
[33] T. Hastie, R. Tibshirani, and J. Friedman. *The elements of statistical learning, data mining, inference, and prediction*. Springer Series in Statistics. Springer-Verlag, 2001.
[34] D. Haussler. Convolution kernels on discrete structures. Technical report, 1999.
[35] R. Herbrich. *Learning Kernel Classifiers Theory and Algorithms*. MIT Press, 2001.
[36] P. J. Huber. *Robust statistics*. John Wiley & Sons, 1981.
[37] A. Hyvärinen, J. Karhunen, and E. Oja. *Independent Component Analysis*. John Wiley & Sons, 2001. 邦訳：根本幾，川勝真喜訳：詳解 独立成分分析——信号解析の新しい世界, 東京電機大学出版局, 2001.
[38] 茨木俊秀, 福島雅夫. 最適化の手法. 情報数学講座 14. 共立出版, 1993.
[39] K. Ikeda. An asymptotic statistical theory of polynomial kernel methods. *Neural Computation*, Vol. 16, No. 8, pp. 1705-1719, 2004.
[40] 石黒真木夫, 松本隆, 乾敏郎, 田邊國士. 階層ベイズモデルとその周辺——時系列・画像・認知への応用. 統計科学のフロンティア 4. 岩波書店, 2004.
[41] 石井健一郎, 前田英作, 上田修功, 村瀬洋. わかりやすいパターン認識. オーム社, 1998.
[42] T. S. Jaakkola and D. Haussler. Exploiting generative models in discriminative classifiers. *Advances in Neural Processing Systems (NIPS11)*, pp. 487-493, 1999.
[43] T. Joachims. *Learning to Classify Text Using Support Vector Machines: Methods, Theory, and Algorithms*. Kluwer, 2002.
[44] 金谷健一. これなら分かる最適化数学——基礎原理から計算手法まで. 共立出版, 2005.
[45] 鹿島久嗣. カーネル法による構造データマイニング. 情報処理, Vol. 46, No. 1, pp. 27-33, 2005.
[46] H. Kashima, K. Tsuda, and A. Inokuchi. Marginalized kernels between labeled graphs. *Proc. of the Int. Conf. on Machine Learning (ICML)*, 2003.
[47] 鹿島久嗣, 坂本比呂志, 小柳光生. 木構造データに対するカーネル関数の設計と解析. 人工知能学会論文誌, Vol. 21, No. 1, pp. 113-121, 2006.
[48] 賀沢秀人, 平尾努, 前田英作. OrderSVM——一般化順序統計量に基づく順位付け関数の推定. 電子情報通信学会論文誌, Vol. J86-D-II, No. 7, pp. 926-933, 2003.
[49] 岸野洋久, 浅井潔. 生物配列の統計——核酸・タンパクから情報を読む. 統計科学のフロンティア 9. 岩波書店, 2003.

[50] R. Kondor and J. Lafferty. Diffusion kernels on graphs and other discrete input spaces. *Proc. of the Int. Conf. on Machine Learning (ICML)*, 2002.
[51] 久保幹雄. 組合せ最適化とアルゴリズム. インターネット時代の数学シリーズ 8. 共立出版, 2000.
[52] 前田英作. 痛快! サポートベクトルマシン. 情報処理, Vol. 42, No. 7, pp. 676–683, 2001.
[53] O. L. Mangasarian and D. R. Musicant. Robust linear and support vector regression. *IEEE Trans. on Pattern Analysis and Machine Intelligence*, Vol. 22, No. 9, pp. 950–955, 2000.
[54] 丸山修, 阿久津達也. バイオインフォマティクス――配列データ解析と構造予測. 予測と発見の科学 4. 朝倉書店, 2007.
[55] P. McCullagh and J. A. Nelder. *Generalized Linear Models*. Chapman & Hall, 1983.
[56] 元田浩, 津本周作, 山口高平, 沼尾正行. IT Text データマイニングの基礎. オーム社, 2006.
[57] K.-R. Müller, S. Mika, G. Rätsch, K. Tsuda, and B. Schölkopf. An introduction to kernel-based learning algorithms. *IEEE Trans. on Neural Networks*, Vol. 12, No. 2, pp. 181–201, 2001.
[58] 村田昇. 入門 独立成分分析. 東京電機大学出版局, 2004.
[59] 小原敦美. 線形状態フィードバックシステムの幾何学的構造. 計測と制御, Vol. 32, No. 6, 1993.
[60] 小野田崇. 知の科学 サポートベクターマシン. オーム社, 2007.
[61] J. O. Ramsay and B. W. Silverman. *Functional data analysis*. Springer-Verlag, 1997.
[62] C. E. Rasmussen and C. K. I. Williams. *Gaussian Processes for Machine Learning* (Adaptive Computationand Machine Learning). MIT Press, 2006.
[63] S. Mika, G. Rätsch, J. Weston, and B. Schölkopf. Fisher discriminant analysis with kernels. In *IEEE Neural Networks for Signal Processing Workshop*, pp. 41–48, 1999.
[64] S. Roweis and L. Saul. Nonlinear dimensionality reduction by locally linear embedding. *Science*, Vol. 290, pp. 2323–2326, 2000.
[65] 斎藤三郎. 再生核の理論入門. 牧野書店, 2002.
[66] B. Schöelkopf, A. Smola, and K.-R. Müller. Nonlinear component analysis as a kernel eigenvalue problem. *Neural Computation*, Vol. 10, pp. 1299–1319, 1998.
[67] B. Schölkopf, C. Burges, and A. J. Smola, editors. *Advances in Kernel Methods - Support Vector Learning*. MIT Press, 1999.
[68] B. Schölkopf and A. J. Smola. *Learning with Kernels: Support Vector Machines, Regularization, Optimization and Beyond*. MIT Press, 2001.

[69] B. Schölkopf, K. Tsuda, and J.-P. Vert, editors. *Kernel methods in computational biology*. MIT Press, 2004.
[70] J. Shawe-Taylor and N. Cristianini. *Kernel Methods for Pattern Analysis*. Cambridge University Press, 2004.
[71] J. Shi and J. Malik. Normalized cuts and image segmentation. *IEEE Trans. on Pattern Analysis and Machine Intelligence*, Vol. 22, No. 8, pp. 888-905, 2000.
[72] 下平英寿, 伊藤秀一, 久保川達也, 竹内啓. モデル選択——予測・検定・推定の交差点. 統計科学のフロンティア 3. 岩波書店, 2004.
[73] J. S. Simonoff. *Smoothing Methods in Statistics*. Springer-Verlag, 2000. 邦訳：竹澤邦夫, 大森宏訳：平滑化とノンパラメトリック回帰への招待, 農林統計協会, 1999.
[74] A. J. Smola, P. Bartlett, and B. Schölkopf, editors. *Advances in Large Margin Classifiers*. MIT Press, 2000.
[75] H. Suetani, Y. Iba, and K. Aihara. Detecting generalized synchronization between chaotic signals: a kernel-based approach. *J. Phys. A: Math. Gen.*, Vol. 39, pp. 10723-10742, 2006.
[76] 竹村彰通. 多変量推測統計の基礎. 応用統計数学シリーズ. 共立出版, 1991.
[77] 竹村彰通, 谷口正信. 統計学の基礎 I——線形モデルからの出発. 統計科学のフロンティア 1. 岩波書店, 2003.
[78] 竹中淑子. 線形代数的グラフ理論. 情報処理シリーズ 13. 培風館, 1989.
[79] 竹内啓編. 統計学辞典. 東洋経済新報社, 1989.
[80] 竹内啓, 広津千尋, 公文雅之, 甘利俊一. 統計学の基礎 II——統計学の基礎概念を見直す. 統計科学のフロンティア 2. 岩波書店, 2003.
[81] K. Tanabe. Penalized logistic regression machines: new methods for statistical prediction 1. In *ISM Cooperative Research Report*, No. 143, pp. 163-194. 2001.
[82] K. Tanabe. Penalized logistic regression machines: new methods for statistical prediction 2. 情報論的学習理論ワークショップ (IBIS2001), pp. 71-76, 2001.
[83] J. B. Tenenbaum, V. de Silva, and J. C. Langford. A global framework for nonlinear dimensionality reduction. *Science*, Vol. 290, pp. 2319-2323, 2000.
[84] 津田宏治. サポートベクターマシンとは何か. 電子情報通信学会誌, Vol. 83, No. 6, pp. 460-466, 2000.
[85] 津田宏治. カーネル設計の方法. 日本神経回路学会誌, Vol. 9, pp. 190-195, 2002.
[86] K. Tsuda, S. Akaho, and K. Asai. The em algorithm for kernel matrix completion with auxiliary data. *Journal of Machine Learning Research*, Vol. 4, pp. 67-81, 2003.
[87] K. Tsuda, S. Akaho, M. Kawanabe, and K.-R Müller. Asymptotic properties

of the Fisher kernel. *Neural Computation*, Vol. 16, No. 1, pp. 115–137, 2003.

[88] K. Tsuda, T. Kin, and K. Asai. Marginalized kernels for biological sequences. *Bioinformatics*, Vol. 18, No. Suppl.1, pp. S268–S275, 2002.

[89] 浦川肇. ラプラス作用素とネットワーク. 裳華房, 1996.

[90] V. N. Vapnik. *The Nature of Statistical Learning Theory*. Springer-Verlag, 1995.

[91] V. N. Vapnik. *Statistical Learning Theory*. John Wiley & Sons, 1999.

[92] V. N. Vapnik. *Estimation of Dependences Based on Empirical Data, 2nd edition*. Springer-Verlag, 2006.

[93] G. Wahba. *Spline models for observational data*. SIAM, 1990.

[94] 渡辺澄夫. データ学習アルゴリズム. データサイエンスシリーズ6. 共立出版, 2001.

[95] 渡辺澄夫, 萩原克幸, 赤穂昭太郎, 本村陽一, 福水健次, 岡田真人, 青柳美輝. 学習システムの理論と実現. 森北出版, 2005.

[96] 渡辺澄夫, 村田昇. 確率と統計——情報学への架橋. コロナ社, 2005.

[97] Y. Yamanishi, J.-P. Vert, A. Nakaya, and M. Kanehisa. Extraction of correlated gene clusters from multiple genomic data by generalized kernel canonical correlation analysis. *Bioinformatics*, Vol. 19, No. Suppl.1, pp. i323–i330, 2003.

索　引

1クラス ν-サポートベクトルマシン　107
ϵ-不感応(insensitive)関数　99
ν-サポートベクトルマシン　104
ν-サポートベクトル回帰　105
νトリック　104
ANOVAカーネル　138
CCA(canonical Correlation Analysis)　74
CV(Cross-Validation)　35
ECOC法(Error Correcting Output Coding)　120
GP(Gaussian Process)　32
ICA(Independant Component Analysis)　79
ISOMAP　56
k-平均法(k-means法)　63
KFA(Kernel Feature Analysis)　114
KKT条件(Karush-Kuhn-Tucker条件)　92
lasso(least absolute shrinkage and selection operator)113
LDA(Linear discriminant analysis)　69
L_1正則化　112
leave-one-outクロスバリデーション　36
leave-one-outの補題　191
leave-one-outバウンド　98
LLE(locally linear embedding)　61
LP(Linear Programming)　113
MAP推定　31
MDS(Multi-dimensional Scaling)　51
PCA(Principal Component Analysis)　42

p-スペクトルカーネル　142
p-接尾辞カーネル　143
QP(quadratic programming)　90
RBF(radial basis function)　29
RKHS(Reproducing Kernel Hilbert Space)　152
SVDD(Support Vector Domain Description)　109
SDP(semidefinite programming)　133
SMO(sequential minimal optimization)　111
SVM(Support Vector Machine)　88
SVR(Support Vector Regression)　99
VC次元(Vapnik-Chervonenkis次元)　189

ア　行

誤り訂正出力符号化法(ECOC)　120
鞍点定理　194

カ　行

カーネル回帰　14
カーネル関数　6, 21
カーネル関数存在定理　159
カーネル関数の定義　148
カーネルk-平均法　64
カーネル最小二乗クラス識別　86
カーネル主成分分析　44
カーネル正準相関分析　74
カーネル特徴分析(KFA)　114
カーネル独立成分分析　82
カーネルトリック　26
カーネルの変換　124
カーネル判別分析　72

カーネルロジスティック回帰 117
回帰 14
ガウスカーネル 26
過学習 8
拡散カーネル 129
学習 13
学習理論 176
カット 66
カルーシュ-キューン-タッカー
　（Karush-Kuhn-Tucker）条件 92
カルバック・ライブラーダイバージェン
　ス（Kullback-Leibler divergence）
　162
期待損失 177
逆問題 166
教師出力 14
局所線形埋め込み法（LLE） 61
距離 57
近傍グラフ 57
区分線形誤差 87
クフス識別 14
クラスタリング 15, 63
グラフ構造 144
グラム行列 25
グリーン（Green）関数 172
クロスバリデーション（CV） 35
経験損失 177
交差確認法（クロスバリデーション）
　35
コンフォーマル変換 125

サ　行

最小二乗法 14
再生核 152
再生核ヒルベルト空間（RKHS） 152
再生性 151
サポートベクトル 93
サポートベクトル回帰（SVR） 99
サポートベクトルマシン（SVM） 88
サポートベクトル領域記述法（SVDD）
　109

シェーンバーグ（Schoenberg）の定理
　128
識別関数 87
シグモイドカーネル 29
次元の呪い 9
事後分布 31
指数カーネル 129
指数分布族 161
射影定理 162
周辺化カーネル 135
主成分分析（PCA） 15, 42
主問題 193
順問題 166
情報圧縮 14
情報幾何 131, 160
新規性検出 106
スパース性 86
スペクトラルクラスタリング 67
正規化カーネル 125
正規過程（GP） 32, 173
正準相関分析（CCA） 15, 74
生成モデル 31
正則化 9, 166
正則化項 10
正則化パラメータ 10
正定値行列 49
正定値性 25, 155
接尾辞木 143
線形回帰 14
線形計画問題（LP） 90, 113
線形モデル 4
全部分集合カーネル 138
全部分文字列カーネル 141
双対問題 94, 193
相補性条件 92
ソフトマージン 97
損失 5

タ　行

大数の法則 176
ダイバージェンス 131, 162

多クラス識別　117
多項式カーネル　28, 137
多次元尺度構成法(MDS)　51
畳み込みカーネル　127
多面体定理　114
多様体　56
ティホノフ(Tikhonov)の(標準)正則化法　168
データマイニング　2
テンソル積　154
動径基底関数(RBF)　29
動的計画法　136
特徴抽出　20
独立成分分析(ICA)　79
凸関数　17
凸二次計画問題(QP)　90
トランスダクション　50

ナ　行

内積の公理　149
二重中心化　60
二乗誤差　5
ニューラルネットワーク　29

ハ　行

ハードマージン　96
外れ値　106
汎化誤差　178
汎化能力　8
半正定値　155
半定値計画問題(SDP)　133
判別分析(LDA)　15, 69
ヒルベルト(Hilbert)空間　149

フィッシャーカーネル　134
フィッシャー(Fisher)情報行列　134
フーバー(Huber)の損失関数　115
不良設定　167
プロビットモデル　117
平行移動不変カーネル　127
ベイズ(Bayes)の公式　31
ヘフディング(Hoeffding)の不等式　182
ボホナー(Bochner)の定理　127

マ　行

マーサー(Mercer)の定理　158
マージン　96
マクダイアミッド(McDiarmid)の不等式　181
文字列カーネル　140
モデル選択　34

ラ　行

ラグランジュ関数　193
ラグランジュ(Lagrange)の未定乗数法　45
ラデマッハー(Rademacher)複雑度　183
ラプラシアン固有マップ法　52
リッジ回帰　14
リプレゼンター定理　23, 169
良設定　167
類似度　50
ロジスティックモデル　117
ロバスト性　86

赤穂昭太郎

1965年生まれ．1990年東京大学大学院工学系研究科計数工学専攻修士了．1990年通産省工業技術院電子技術総合研究所情報科学部研究員．2001年より独立行政法人産業技術総合研究所脳神経情報研究部門情報数理研究グループグループ長．博士(工学)．

シリーズ　確率と情報の科学　　　　　　　　　　　第I期(全15巻)

カーネル多変量解析──非線形データ解析の新しい展開

2008年11月27日　第 1 刷発行
2022年12月 5 日　第13刷発行

著　者　赤穂昭太郎

発行者　坂本政謙

発行所　〒101-8002　東京都千代田区一ツ橋2-5-5　株式会社　岩波書店　電話案内 03-5210-4000
　　　　https://www.iwanami.co.jp/

印刷・法令印刷　カバー・半七印刷　製本・松岳社

Ⓒ Shotaro Akaho 2008　Printed in Japan　　ISBN 978-4-00-006971-7

確率と情報の科学

編集：甘利俊一　麻生英樹　伊庭幸人
A5判，上製

確率・情報の「応用基礎」にあたる部分を多変量解析，機械学習，社会調査，符号，乱数，ゲノム解析，生態系モデリング，統計物理などの具体例に即して，ひとつのまとまった領域として提示する．また，その背景にある数理の基礎概念についてもユーザの立場に立って説明し，未知の課題にも拡張できるように配慮する．

《特徴》
◎定型的・抽象的に「確率」「情報」を論じるのではなく具体的に扱う．
◎背後にある概念や考え方を重視し大きな流れの中に位置づける．

赤穂昭太郎：**カーネル多変量解析**　　　　　　　　　　　定価3850円
　　　　　―― 非線形データ解析の新しい展開

星野崇宏：**調査観察データの統計科学**　　　　　　　　　定価4180円
　　　　　―― 因果推論・選択バイアス・データ融合

久保拓弥：**データ解析のための統計モデリング入門**　　　定価4180円
　　　　　―― 一般化線形モデル・階層ベイズモデル・MCMC

＊岡野原大輔：**高速文字列解析の世界**　　　　　　　　　品切
　　　　　―― データ圧縮・全文検索・テキストマイニング

小柴健史：**乱数生成と計算量理論**　　　　　　　　　　　定価3300円

＊はオンデマンド版として復刊予定

―― 岩波書店 ――

定価は消費税10%込です
2022年12月現在